I CAN DO! Learn 3ds Max 2014 the right way

3ds Max 2014

铂金精粹版

超值全彩

3ds Max 2014

中文版 从入门到精通

曹 凯 张 伟 杨 添 余亚峰 余 辉/主 编

王 平 高立海 陈 军 赵 冉 郑 凌/副主编

U0325404

中国青年出版社

CHINA YOUTH PRESS

中青雄狮

律师声明

北京市邦信阳律师事务所谢青律师代表中国青年出版社郑重声明：本书由著作权人授权中国青年出版社独家出版发行。未经版权所有人和中国青年出版社书面许可，任何组织机构、个人不得以任何形式擅自复制、改编或传播本书全部或部分内容。凡有侵权行为，必须承担法律责任。中国青年出版社将配合版权执法机关大力打击盗印、盗版等任何形式的侵权行为。敬请广大读者协助举报，对经查实的侵权案件给予举报人重奖。

侵权举报电话

全国"扫黄打非"工作小组办公室　　　　　　中国青年出版社
010-65233456　65212870　　　　　　　　　010-59521012
http://www.shdf.gov.cn　　　　　　　　　　E-mail: cyplaw@cypmedia.com
　　　　　　　　　　　　　　　　　　　　　MSN: cyp_law@hotmail.com

图书在版编目（CIP）数据

3ds Max 2014 从入门到精通：铂金精粹版 / 曹凯等主编 .
— 北京：中国青年出版社，2014.6
ISBN 978-7-5153-2298-8
I. ① 3… II. ①曹… III. ①三维动画软件　IV. ① TP391.41
中国版本图书馆 CIP 数据核字（2014）第 054650 号

3ds Max 2014中文版从入门到精通（铂金精粹版）

曹　凯　张　伟　杨　添　余亚峰　余　辉/主编
王　平　高立海　陈　军　赵　冉　郑　凌/副主编

出版发行：中国青年出版社
地　　址：北京市东四十二条 21 号
邮政编码：100708
电　　话：（010）59521188 / 59521189
传　　真：（010）59521111
企　　划：北京中青雄狮数码传媒科技有限公司
策划编辑：张　鹏
责任编辑：张　军
封面制作：六面体书籍设计　孙素锦

印　　刷：山东高唐印刷有限责任公司
开　　本：787×1092　1/16
印　　张：15.25
版　　次：2014 年 6 月北京第 1 版
印　　次：2015 年 3 月第 2 次印刷
书　　号：ISBN 978-7-5153-2298-8
定　　价：69.80 元（附赠 1DVD，含语音视频教学 + 案例素材文件）

本书如有印装质量等问题，请与本社联系
电话：（010）59521188 / 59521189
读者来信：reader@cypmedia.com
如有其他问题请访问我们的网站：www.cypmedia.com

"北大方正公司电子有限公司"授权本书使用如下方正字体。
封面用字包括：方正粗雅宋简体，方正兰亭黑系列。

前 言

随着经济的飞速增长与城市化建设的大范围开展，国内建筑行业前进的步伐明显加快。计算机技术的普及与软件功能的不断增强，则为建筑设计提供了有效的技术支持。现如今，3ds Max 2014的问世，使效果图设计行业又迈出了历史性的一步，该版本不仅在操作上更加人性化，而且在绘图效果上与运行速度上都有着惊人的表现。

大家都知道，3ds Max是一款功能最强大的三维建模与动画设计软件，利用该软件不仅可以设计出绝大多数建筑模型，还可以很好地制作出具有仿真效果的图片和动画。正是由于它的出色表现，因此受到了广大用户的追捧。为了帮助读者在短时间内掌握并熟练应用新版本，我们组织教学一线的教师编写了此书。全书以"理论+实例"的形式对3ds Max 2014的知识进行了阐述，以强调知识点的实际应用性。

全书共11章，其各章的主要内容介绍如下：

章　节	内　容
Chapter 01	主要讲解了 3ds Max 2014 的应用领域、新增功能以及工作界面等知识
Chapter 02	主要讲解了 3ds Max 2014 基本操作，包括文件操作、变换操作、复制操作、捕捉操作、隐藏操作、成组操作等
Chapter 03	主要讲解了基本物体的建模技术，比如长方体、圆锥体、球体、几何球体、圆柱体、异面体、环形结、纺锤体等
Chapter 04	主要讲解了样条线的创建、曲线的创建、复合对象的创建，还介绍了常用的修改器及可编辑对象等内容
Chapter 05	主要讲解了 3ds Max 摄影机和 VRay 摄影机的知识
Chapter 06	主要讲解了材质的基础知识、材质的类型、贴图等内容
Chapter 07	主要讲解了灯光的种类、标准灯光的基本参数、光度学灯光的基本参数、灯光的阴影以及模拟白天光照效果的知识
Chapter 08	主要讲解了渲染基础知识、默认渲染器的设置、高级照明以及插件渲染器（mental ray 与 VRay）等知识
Chapter 9~11	是综合实例练习，分别介绍了客厅效果图的制作、售楼大厅效果图的制作、商务写字楼室外效果图的制作。通过模仿练习，使读者更好地掌握前面所学的建模与渲染知识

本书既可作为了解3ds Max各项功能和最新特性的应用指南，又可作为提高用户设计和创新能力的指导。本书适用于以下读者：

室内外效果图制作与学者

室内装修、装饰设计人员与室内效果图设计人员

装饰装潢培训班学员与大中专院校相关专业师生

图像设计爱好者

本书内容知识结构安排合理，语言组织通俗易懂，在讲解每一个知识点时，附加以小应用案例进行说明。正文中还穿插介绍了很多细小的知识点，均以"知识链接"和"专家技巧"栏目体现。每章最后都安排有"设计师训练营"和"课后习题"两个栏目，以对前面所学知识加以巩固练习。此外，附赠的光盘中记录了典型案例的教学视频，以供读者模仿学习。

本书在编写和案例制作过程中力求严谨细致，但由于水平和时间有限，疏漏之处在所难免，望广大读者批评指正。我的邮箱是itbook2008@163.com。

作　者

Contents

目 录

Chapter 01

3ds Max 2014轻松入门

Chapter 02

3ds Max 2014基本操作

Chapter 03

基础建模技术

Chapter 04

高级建模技术

Chapter 05

摄影机技术

Chapter 06

材质与贴图技术

Chapter 07

灯光技术

渲染

客厅效果图的制作

Chapter 10

售楼大厅效果图的制作

Chapter 11

商务写字楼室外效果图的制作

Appendix

附　录

Chapter

01

3ds Max 2014轻松入门

3ds Max是一款功能最强大的三维建模与动画设计软件，利用3ds Max软件不仅可以设计出绝大多数建筑模型，还可以很好地制作出具有仿真效果的图片和动画。本章将从最基础的知识讲起，引领读者认识和了解3ds Max 2014软件，其中包括软件界面中各个组成部分及其功能等。

重点难点

- 3ds Max 2014概述
- 3ds Max 2014新功能
- 3ds Max 2014工作界面
- 3ds Max 2014基本设置

初识3ds Max 2014

3ds Max是一款优秀的设计类软件，它是利用建立在算法基础之上并高于算法的可视化程序来生成三维模型的。与其他建模软件相比，3ds Max操作更加简单，更容易上手。因此受到了广大用户的青睐。

01 3ds Max简介

3D Studio Max，简称为3ds Max或MAX，是Discreet公司开发的（后被Autodesk公司合并）基于PC系统的三维动画渲染和制作软件。其前身是基于DOS操作系统的3D Studio系列软件。在Windows NT出现以前，工业级的CG制作被SGI图形工作站所垄断。3D Studio Max + Windows NT组合的出现一下子降低了CG制作的门槛，首选开始运用在电脑游戏中的动画制作，后更进一步开始参与影视片的特效制作，例如X战警II，最后的武士等。建模功能强大，在角色动画方面具备很强的优势，另外丰富的插件也是其一大亮点，3ds Max可以说是最容易上手的3D软件。和其他相关软件配合流畅，做出来的效果非常逼真。

1990年Autodesk成立多媒体部，推出了第一个动画工作——3D Studio软件。DOS版本的3D Studio诞生在80年代末，那时只要有一台386DX以上的微机就可以圆一个电脑设计师的梦。

1996年4月，3d Studio Max 1.0诞生了，这是3D Studio系列的第一个Windows版本。Discreet 3ds Max 7为了满足业内对威力强大而且使用方便的非线性动画工具的需求，集成了获奖的高级人物动作工具套件characterstudio。并且这个版本开始3ds Max正式支持法线贴图技术。

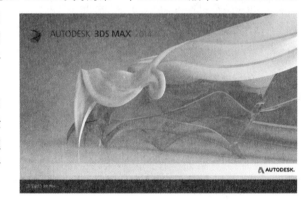

在Discreet 3ds Max 7后，正式更名为Autodesk 3ds Max，经过多次更新升级，目前最新版本为3ds Max 2014（如右图所示），版本越高其功能就越强大，从而使3D创作者在更短的时间内创作出更高质量的3D作品。

02 3ds Max应用领域

3ds Max是世界上应用最广泛的三维建模、动画、渲染软件，被广泛应用于建筑效果图设计、游戏开发、角色动画、电影电视视觉效果和设计行业等领域。

（1）室内设计

利用3ds Max软件可以制作出各式各样的3D室内模型、例如沙发模型、客厅模型、餐厅模型、卧室模型等，如下图所示。

（2）游戏动画

随着设计与娱乐行业中交互内容的强烈需求，3ds Max改变了原有的静帧或者动画的方式，由此逐渐催生了虚拟现实这个行业。3ds Max能为游戏元素创建动画、动作，使这些游戏元素"活"起来，从而能够为玩家带来生气勃勃的视觉感官效果，如下图所示。

（3）建筑动画

3ds Max建筑动画被广泛应用在各个领域，内容和表现形式也呈现出多样化，主要表现建筑的地理位置、外观、内部装修、园林景观、配套设施和其中的人物、动物，自然现象如风雨雷电、日出日落、阴晴圆缺等，将建筑和环境动态地展现在人们面前，如下图所示。

（4）影视动画

影视动画是目前媒体中所能见到的最流行的画面形式之一。随着它的普及，3d Max在动画电影中得到广泛应用，3d Max数字技术不可思议地扩展了电影的表现空间和表现能力，创造出人们闻所未闻、见所未见的视听奇观及虚拟现实。《阿凡达》《诸神之战》等热门电影都引进了先进的3D技术，如下图所示。

03 3ds Max 2014新增功能

每年这个时候都会迎来AUTODESK一年一度的新版本升级，现在3ds Max 2014如期而至，估计是在微软的WIN8风格带领下，在官方网站上可以看到Autodesk更换了全新网站风格，包括AUTODESK新LOGO，3ds Max新LOGO，以前的动物园家族形象越来越远去了。

除了有建模、光度学灯光、一般动画等功能外，升级后的3ds Max 2014功能更加强大，下面将对其进行简单介绍。

（1）新增功能

- 贴图支持矢量贴图，再放大也不会有锯齿了。
- 集群动画在之前的版本就在，但在2014版本中却变得异常方便和强大。在场景中简单地就可以产生动画交互的人群。
- 增加角色动画、骨骼绑定、变形等。
- 透视合成功能，2014版本采用了SU的相机匹配功能，在相机匹配完成后，直接使用平移，缩放可以连同背景一起操作。
- 支持DirectX 11的着色器视窗实时渲染，景深等，优化加速视图操作。

（2）增强功能

- 增强粒子流系统- PF mPartical。
- 增强动力学解算MassFX以及带动力学的粒子流，用来创建水，火，喷雪效果。
- 增强能产生连动效果的毛发功能。
- 增强渲染流程功能，直接渲染分层输出PSD文件。
- 多用户布局方式，如果你的电脑可能会有几个人使用，现在可以为每个用户保留不同的快捷键设置和菜单等。
- 增强2D、3D和AE的工作数据交互。MAYA、SOFEIMAGE、MUDBOX等数据转换整合。
- 3ds Max SDK扩展和自定义。

效果图制作详细流程

经过长时间的发展，效果图制作行业已经发展到一个非常成熟的阶段，无论是室内效果图还是室外效果图都有了一个模式化的操作流程，这也是能够细分出专业的建模师、渲染师、灯光师、后期制作师等岗位的原因之一。对于每一个效果图制作人员而言，正确的流程能够保证效果图的制作效率和质量。

要想做一套完整的效果图，需要结合多种不同的软件也必须有清晰的制图步骤。本节讲述的就是效果图制作的过程。

效果图制作详细流程通常分为6步。

Step 01 3ds Max基础建模，利用CAD图和3d Max的命令创建出符合要求的空间模型。

Step 02 在场景中创建摄像机，确定合适的角度。

Step 03 设置场景光源。

Step 04 给场景中各模型指定材质。

Step 05 调整渲染参数渲染出图。

Step 06 在Photoshop中对图片进行后期的加工和处理，使效果图更加完善。

3ds Max 2014 工作界面

当完成3ds Max 2014的安装后，我们即可双击其桌面快捷方式进行启动，其操作界面如下图所示。它分为标题栏、菜单栏、工具栏、工作视窗、命令面板、状态栏/提示栏（动画面板、窗口控制板、辅助信息栏）等几个部分，下面将分别对其进行介绍。

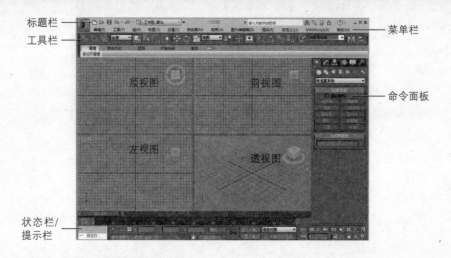

01　菜单栏

主菜单位于标题栏的下方，为用户提供了几乎所有3ds Max操作命令，它的形状和Windows菜单相似。在3ds Max 2014中，菜单上共有11个菜单项，分别如下：

- 文件(File)：用于对文件的打开、存储、打印、输入和输出不同格式的其他三维存档格式，以及动画的摘要信息、参数变量等命令的应用。
- 编辑(Edit)：用于对对象的拷贝、删除、选定、临时保存等功能。
- 工具(Tools)：包括常用的各种制作工具。
- 组(Group)：用于将多个物体组为一个组，或分解一个组为多个物体。
- 视图(Views):用于对视图进行操作，但对对象不起作用。
- 渲染(Rendering)：通过某种算法，体现场景的灯光、材质和贴图等效果。
- 轨迹视图(Trsck View)：控制有关物体运动方向和它的轨迹操作。
- 概要观看(Schematic View)：一个方便有效、有利于提高工作效率的视窗。例子：如果你在画一个人体动画，那么你就可以在Schematic View(概要观看)中很好地组织身体的各个部分，这样有利于你去选择其中一部分进行修改。这是新增加的，以后我们会详细地学习到它。
- 定制(Customize)：方便用户按照自已的爱好设置操作界面。3ds Max 2014中的工具栏、菜单栏、命令面板都可以放置在任意的位置，如果你厌烦了以前的工作界面，就可以自已定制一个保存起来，下次启动时就会自动加载。
- MAXScript：有关编程的命令。将编好的程序放入3ds Max中来运行。
- 帮助(Help)：关于软件的帮助文件，包括在线帮助、插件信息等。

关于上述菜单的具体使用方法，我们将在后续章节中逐一进行详细的介绍。

> **知识链接** 关于菜单栏的说明
>
> 当打开某一个菜单后，若菜单栏上有些命令名称旁边有...符号，即表示单击该名称将弹出一个对话框。
> 若菜单上的命令名称右侧有一个小三角形，即表示该命令后还有其他的子命令，单击它可以弹出一个新的级联菜单。
> 若菜单上命令的一侧显示为字母，即其为该菜单命令的快捷键。

02　工具栏

工具栏位于菜单栏的下方，它集合了3ds Max中的常见的工具。下面将对该工具栏中各工具的含义进行介绍，如下表所示。

表　常见工具介绍

序号	图标	名称	含义
1		选择与链接	用于将不同的物体进行链接
2		断开当前选择并链接	用于将链接的物体断开
3		绑定到空间扭曲	用于粒子系统上的，把场用空间绑定到粒子上，这样才能产生作用
4		选择工具	只能对场景中的物体进行选择使用，而无法对物体进行操作

序号	图标	名称	含义
5		按名称选择	单击后弹出操作窗口，在其中输入名称可以很容易地找到相应的物体，方便操作
6		选择区域	矩形选择是一种选择类型，按住鼠标左键拖动来进行选择
7		窗口/交叉	设置选择物体时的选择类型方式
8		选择并移动	用户可以对选择的物体进行旋转操作
9		选择并旋转	单击旋转工具后，用户可以对选择的物体进行移动操作
10		选择并均匀缩放	用户可以对选择的物体进行等比例的缩放操作
11		使用轴心对称	选择了多个物体时可以通过此命令来设定轴中心点坐标的类型
12		选择并操纵	针对用户设置的特殊参数（如滑竿等参数）进行操纵使用
13		捕捉开关	可以使用户在操作时进行捕捉创建或修改
14		角度捕捉切换	确定多数功能的增量旋转，设置的增量围绕指定轴旋转
15		百分比捕捉切换	通过指定百分比增加对象的缩放
16		微调捕捉切换	设置3d Max 2014中所有微调器的单个单击所增加减少的值
17		镜像	可以对选择的物体进行镜像操作，如复制、关联复制等
18		对齐	方便用户对物体进行对齐操作
19		层管理器	对场景中的物体可以使用此工具分类，即将物体放在不同的层中进行操作，以便用户管理
20		切换功能区	Graphite建模工具
21		曲线编辑器	用户对动画信息最直接的操作编辑窗口，在其中可以调节动画的运动方式，编辑动画的起始时间等
22		图解视图	设置场景中元素的显示方式等
23		材质编辑器	可以对物体进行材质的赋予和编辑
24		渲染设置	调节渲染参数
25		渲染帧窗口	单击后可以对渲染进行设置
26		渲染产品	制作完毕后可以使用该命令渲染输出，查看效果

03　命令面板

命令面板位于工作视窗的右侧，其中包括创建面板、修改面板、层次命令面板、运动命令面板、显示命令面板和工具命令面板（如下表所示），可以访问绝大部分建模和动画命令。

表 常见命令面板

创建命令面板	修改命令面板	层次命令面板	运行命令面板	显示命令面板	工具命令面板

（1）创建命令面板

创建命令面板提供于创建对象，这是在3ds Max中构建新场景的第一步。创建命令面板将所创建对象种类分为7个类别，包括几何形、图形、灯光、摄像机、辅助对象、空间扭曲和系统。

（2）修改命令面板

通过创建命令面板，可以在场景中放置一些基本对象，包括3D几何体、2D形态、灯光、摄像机、空间扭曲及辅助对象。创建对象的同时系统会为每一个对象指定一组创建参数，该参数根据对象类型定义其几何和其他特性。可以根据需要在"修改"命令面板中更改这些参数，还可以在"参数"命令面板中为对象应用各种修改器。

（3）层次命令面板

通过层次命令面板可以访问用来调整对象间链接的工具。通过将一个对象与另一个对象相链接，可以创建父子关系，应用到父对象的变换同时将传达给子对象。通过将多个对象同时链接到父对象和子对象，可以创建复杂的层次。

（4）运行命令面板

运行命令面板提供用于各个对象的运动方式和轨迹以及高级动画的设置。

（5）显示命令面板

通过显示命令面板可以访问场景中控制对象显示方式的工具。可以影藏和取消影藏、冻结和解冻对象改变其显示特性、加速视口显示及简化建模步骤。

（6）工具命令面板

使用工具命令面板可以访问各种设定3ds Max各种小型程序，并可以编辑各个插件，它是3ds Max系统与用户之间对话的桥梁。

04 视口

3ds Max用户界面的最大区域被分成四个相等的矩形区域，称为视口（Viewports）或视图（Views）。

（1）视口的组成

视口是主要工作区域，每个视口的左上角都有一个标签，启动3ds Max后默认的四个视口的标签是Top（顶视口）、Front（前视口）、Left（左视口）和Perspective（透视视口）。

每个视口都包含垂直和水平线，这些线组成了3ds Max的主栅格。主栅格包含黑色垂直线和黑色水平线，这两条线在三维空间的中心相交，交点的坐标是X=0、Y=0和Z=0。其余栅格都为灰色显示。

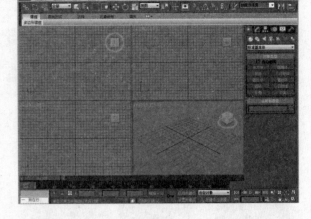

顶视口、前视口和左视口显示的场景没有透视效果，这就意味着在这些视口中同一方向的栅格线总是平行的，不能相交，如右图所示。透视视口类似于人的眼睛和摄像机观察时看到的效果，视口中的栅格线是可以相交的。

（2）视口的改变

默认情况下为4个视口。当我们按改变窗口的快捷钮时，所对应的窗口就会变为所想改变的视图，下面我们来玩一下改变窗口的游戏。首先我们用鼠标激活一个视图窗口，按下 B 键，这个视图就变为底视图，就可以观察物体的底面。用鼠标对着一个视口，然后按以下快捷键：

T=顶视图(Top)	B=底视图(Botton)
L=左视图(Left)	R=右视图(Right)
U=用户视图(User)	F=前视图(Front)
K=后视图(Back)	C=摄像机视图(Camera)
Shift键+$键=灯光视图	W=满屏视图

或者在每个视图的左上面那行英文上单击鼠标右键，将会弹出一个命令栏，在其中也可以更改它的视图方式和视图显示方式等。记住快捷键是提高效益的很好手段！

专家技巧 恢复原始界面设计

如果界面被用户调整的面目全非，此时不要紧，只需选择菜单栏上的"自定义>选择自定义界面"命令，在出现的对话框里选择还原为启动布局文件，它是3ds Max的启动时的默认界面，就又回复了原始的界画。

05　状态行和提示行

提示行和状态行分别用于显示关于场景和活动命令的提示和信息。它们也包含控制选择和精度的系统切换以及显示属性。

提示行和状态行可以细分成动画控制栏、时间滑块/关键帧状态、辅助信息、位置显示栏、视口导航栏，如下图所示。

时间滑块
关键帧状态

辅助信息　　　　　　　　　　　位置显示栏　　　　　　动画控制栏　　　　　　　视口导航栏

其中：

● 时间滑块/关键帧状态和动画控制栏用于制作动画的基本设置和操作工具。

● 位置显示栏用于显示坐标参数等基本数据。

● 视口导航栏默认包含4个视图，是实现图形、图像可视化的工作区域，如下表所示。

表 视口导航介绍

序号	图标	名称	含义
1		缩放视口	当在"透视图"或"正交"视口中进行拖动时，使用"缩放"可调整视口放大值
2		缩放所有视口	在4个视图中任意一个窗口中按住鼠标左键拖动可以看四个视图同时缩放
3		最大化显示	在编辑时可能会有很多物体，当用户要对单个物体进行观察操作时，可以使用此命令以最大化显示
4		所有视口最大化显示	选择物体后单击，可以看到4个视图同是放大化显示的效果
5		视野	调整视口中可见场景数量和透视张量
6		平移视口	沿着平行于视口的方向移动摄像机
7		弧形旋转	使用视口中心作为旋转的中心。如果对象靠近视口边缘，则可能会旋转出视口
8		最大化视口切换	可在其正常大小和全屏大小之间进行切换

设计师训练营　自定义用户界面

3d Max 2014默认界面的颜色是黑色，但是大多数用户习惯用灰色界面，下面将介绍界面颜色的设置操作，具体步骤如下。

Step 01 打开3d Max 2014，执行"自定义＞自定义用户界面"命令，如下左图所示。

Step 02 打开"自定义用户界面"对话框，如下右图所示。

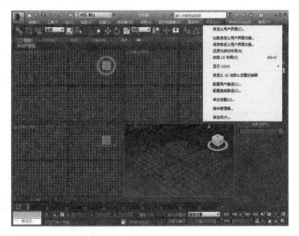

Step 03 单击 颜色 标签切换到"颜色"选项卡，在"元素"下拉列表中选择"窗口"选项，在其对应的列表区域中选择"视口背景"选项，如下左图所示。

Step 04 随后单击"颜色"选项，将弹出"颜色选择器"对话框，从中调节视口颜色，滑块由黑向白滑动，调成白灰色即可，然后单击"确定"按钮，如下右图所示。

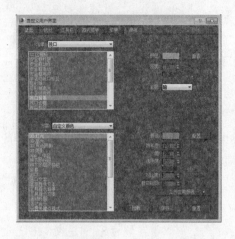
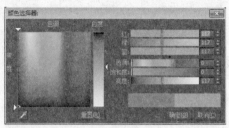

Step 05 返回上一级对话框后单击"立即应用颜色"按钮即可，如下左图所示。

Step 06 当再次返回编辑界面，即可发现窗口颜色已经发生变化，如下右图所示。

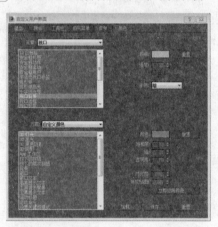
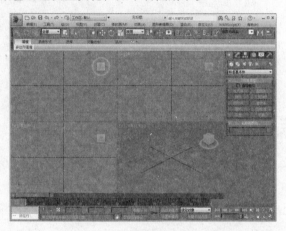

　　按照上述介绍的操作方法，用户还可以对背景、窗口文本、冻结等颜色进行调整，这里将不再赘述，大家可以自行体验。

🔄 知识链接　"自定义用户界面"对话框中部分选项的介绍

　　元素：显示下拉列表，通过该列表可以从各种高级分组中选择角色、几何体、Gizmo、视口以及其他。

　　UI 元素列表：显示活动类别中可用元素的列表。

　　颜色：显示选定类别和元素的颜色。单击颜色色块可以打开"颜色选择器"对话框，在其中可以更改颜色。选择新的颜色后，单击"立即应用颜色"按钮以在界面中进行更改。

　　重置：将突出显示的元素颜色重置为打开对话框时的活动值。

　　强度：设置栅格线显示的灰度值。0 为黑色，255 为白色。此控件仅在选择"栅格"元素的"按强度设置"选项时可用，并且会影响视口中栅格线的强度。

　　反转：反转栅格线显示的灰度值。深灰色会变成浅灰色，反之亦然。此控件仅当从"栅格"元素中选择"由强度设置"选项时才可用。

　　方案：可以选择是将主 UI 颜色设置为默认 Windows 颜色还是自定义主 UI 颜色。如果"使用标准 Windows 颜色"处于活动状态，则"UI 外观"列表中的所有元素将都被禁用，并且不能自定义 UI 的颜色。

　　UI 外观列表：显示用户界面中可以更改的所有元素。

课后练习

1. 选择题

（1）3ds Max 默认的界面设置文件是（   ）。

A. Default.ui   B. DefaultUI.ui

C. 1.ui   D. 以上说法都不正确

（2）3ds Max 软件由下面哪个子公司设计完成（   ）。

A. Discreet   B. Adobe

C. Microsoft   D. Apple

（3）3ds Max 文件 / 保存命令可以保存的文件类型是（   ）。

A. MAX   B. DXF

C. DWG   D. 3DS

（4）在 3ds Max 中，可以用来切换各个模块的区域的是（   ）。

A. 视图   B. 工具栏

C. 命令面板   D. 标题栏

（5）3ds Max 大部分命令都集中在（   ）。

A. 标题栏   B. 主菜单

C. 工具栏   D. 视图

2. 填空题

（1）3ds Max 中提供了三种复制方式，分别是_____，_____，_____。

（2）变换线框使用不同的颜色代表不同的坐标轴：红色代表_____轴、绿色代表_____轴、蓝色代表_____轴。

（3）3ds Max 的三大要素是_____、_____、_____。

（4）在 3ds Max 中，不管使用何种规格输出，该宽度和高度的尺寸单位为_____。

3. 操作题

根据本章所讲知识，将视口界面和背景调整成为蓝色的，如下图所示。

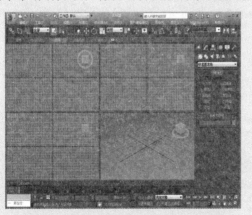 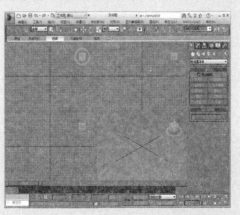

Chapter

02

3ds Max 2014基本操作

在学习了3ds Max 2014的基础知识后，接下来将介绍其常见的基本操作，包括移动、复制、捕捉、对齐、镜像、隐藏等。通过对这些知识的学习，可以帮助用户快速掌握3ds Max 2014软件，为后期的三维建模奠定良好的基础。

重点难点

- 3ds Max 2014软件的自定义设置
- 变换、复制操作
- 捕捉、对齐、镜像操作
- 隐藏、冻结、成组操作
- 单位设置和快捷键设置

Section 01 个性化工作界面

本节将对如何自定义视口布局和视口的显示模式进行详细介绍，从而使用户能够根据自己的操作习惯设置个性的操作界面。

01 视口布局

执行"视图>视口配置"命令，打开"视口配置"对话框，在该对话框的"布局"选项卡中，可以指定视口的划分方式，并且向每个视口分配特定类型的视口，如右图所示。

在"布局"选项卡中，顶部是代表可能划分方法的图标，下面显示的是当前所选布局的样式。单击图标选择划分方法后，下面随即显示对应的视口布局样式。要指定特定视口，只需要在布局样式区域中单击视口，从弹出的菜单中选择视口类型。

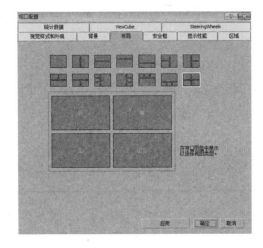

02 视口显示模式

执行"视图>视口配置"命令，打开"视口配置"对话框，然后切换到"视觉样式和外观"选项卡，如右图所示，从中即可设置当前视口或所有视口的渲染方式。

在渲染级别的下拉菜单中共有15种不同的着色渲染对象的方式。下面将对这15种方式及选项卡中其他内容进行详细讲解。

真实：使用真实平滑着色渲染对象，并显示反射、高光和阴影。要在"真实"和"线框"间快速切换，请按F3键。

明暗处理：只有高光和反射。

面：将多边形作为平面进行渲染，但是不使用平滑或高亮显示进行着色。

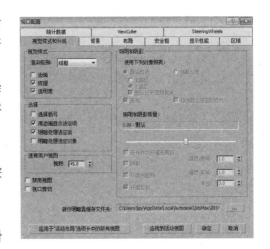

隐藏线：线框模式隐藏法线指向偏离视口的面和顶点，以及被附近对象模糊的对象的任一部分。只有在这一模式下，线框颜色由"视口 >隐藏线未选定颜色"命令决定，而不是对象或材质的颜色。

线框：将对象绘制作为线框，并不应用着色。要在"线框"和"真实"间快速切换，可以按F3键。

边界框：将对象绘制作为边界框，并不应用着色。边界框的定义是将对象完全封闭的最小框。

边面：只有在当前视口处于着色模式时（如平滑、平滑+高光、面+高光或边面）才可以使用该选项。在这些模式下启用"边面"之后，将沿着着色曲面出现对象的线框边缘。这对于在着色显示中编辑网格非常有用。按 F4 键可切换"边面"显示。

纹理校正：使用像素插值重画视口（更正透视）。当由于一些原因，要强制视口进行重画之前，重画的图像将保持不变。仅当对视口进行着色，并且至少显示一个对象贴图时，此命令才生效。

透明度：已指定透明度的对象使用双通道透明效果进行显示。

用边面模式显示选定对象：当视口处于着色模式时（如真实、面），切换选定对象高亮显示边的显示。在这些模式下启用该选项之后，将沿着着色曲面出现选定对象的线框边缘，对于选择小对象或多个对象时非常有用。

明暗处理选定面：当启用时，选定的面接口会显示为红色的半透明状态。这使得在明暗处理视口中更容易看到选定面，其快捷键为 F2。

明暗处理选定对象：当启用时，选定的对象会显示为红色的半透明状态。在明暗处理视口中更容易看到选定对象。

视野：设置透视视口的视野角度。当其他任何视口类型处于活动状态时，此微调器不可用。可以在修改命令面板中调整摄影机的视野。

禁用视图：禁用"应用于"视口选择。禁用视口的行为与其他任何处于活动状态的视口一样。然而，当更改另一个视口中的场景时，在下次激活"禁用视口"之前不会更改其中的视口。使用此功能可以在处理复杂几何体时加速屏幕重画速度。

视口剪切：启用该选项之后，交互设置视口显示的近距离范围和远距离范围。位于视口边缘的两个箭头用于决定剪切发生的位置。标记与视口的范围相对应，下标记是近距离剪切平面，而上标记设置远距离剪切平面。这并不影响渲染到输出，只影响视口显示。

默认照明：启用此选项可使用默认照明。禁用此选项可使用在场景中创建的照明。如果场景中没有照明，则将自动使用默认照明，即使此复选框已禁用也是如此，默认设置为启用。

场景灯光：场景中有照明，则将不会自动使用默认照明而使用在场景中创建的照明。

Section 02 基本操作

本节将主要介绍3ds Max 2014的基本操作，首先会介绍文件的打开、重置、保存等基本操作，然后介绍如何进行变换、复制、捕捉、对齐、镜像、隐藏、冻结成组等操作。通过这一小节的学习用户将更加熟悉了解3ds Max 2014。

01 文件操作

为了更好地掌握并应用3ds Max 2014，在此将首先介绍关于文件的操作方法。在3ds Max 2014中，关于文件的基本操作命令都集中3D图标菜单中，如下图所示。

1. 新建

执行"3ds Max ▶ >新建"命令，随后在其右侧区域中将出现3种新建方式，现分别介绍如下：

● 新建全部：该命令可以清除当前场景的内容，保留系统设置，如视口配置、捕捉设置、材质编辑器、背景图像等。

- 保留对象：用新场景刷新 3ds Max，并保留进程设置及对象。
- 保留对象和层次：用新场景刷新3ds Max，并保留进程设置、对象及层次。

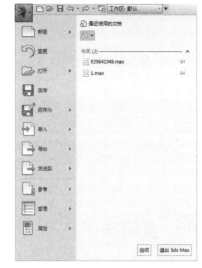

2. 重置

执行"3ds Max █>重置"命令重置场景。使用"重置"命令可以清除所有数据并重置程序设置（如视口配置、捕捉设置、材质编辑器、背景图像等）。利用"重置"命令可以还原默认设置，并且可以移除当前会话期间所做的任何自定义设置。使用"重置"命令与退出并重新启动 3ds Max的效果相同。

3. 打开

执行"3ds Max █>打开"命令，在新版本中的打开方式包括以下两种：

- 打开：单击"打开"命令，将弹出"打开文件"对话框，从中用户可以任意加载场景文件（MAX 文件）、角色文件（CHR 文件）或 VIZ 渲染文件（DRF文件）。
- 从Vault中打开：打开储存于Vault中现有的3ds Max文件。

4. 保存

执行"3ds Max █>保存"命令保存场景。第一次执行"文件>保存"命令将打开"文件另存为"对话框，可以通过此对话框为文件命名、指定路径，使用"保存"命令可通过覆盖上次保存的场景更新当前的场景。

5. 另存为

执行"3ds Max █>另存为"命令，将会发现有3种另存为模式：

- 另存为：可以为文件指定不同的路径和文件名，采用MAX或CHR格式保存当前的场景文件。
- 保存副本为：以新增量名称保存当前的3ds Max文件。
- 归档：压缩当前3ds Max文件和所有相关资料到一个文件夹。

> **⟳ 知识链接** **关于常见文件类型的介绍**
>
> ① MAX文件类型是完整的场景文件。
> ② CHR文件是用"保存类型"为"3ds Max角色"功能保存的角色文件。
> ③ DRF文件是 VIZ Render 中的场景文件，VIZ Render是包含在AutoCAD建筑中的一款渲染工具。该文件类型类似于Autodesk VIZ 先前版本中的MAX文件。

02 变换操作

移动、旋转和缩放操作统称为变换操作，是使用最为频繁的操作。若需要更改对象的位置、方向或比例，可以单击主工具栏上的3个变换按钮之一，或从快捷菜单中选择变换。使用鼠标、状态栏的坐标显示字段、输入对话框或上述任意组合，可以将变换应用到选定对象。

1. 移动操作

要移动单个对象，选择后使按钮处于活动状态时，单击对象进行选择，当轴线变黄色时，按轴的方向拖动鼠标以移动该对象。

2．旋转操作

要旋转单个对象，选择后使按钮处于活动状态时，单击对象进行选择，并拖动鼠标以旋转该对象。

3．缩放操作

主工具栏上的选择并缩放弹出按钮提供了对用于更改对象大小的3种工具的访问。

使用选择并缩放弹出按钮上的选择并均匀缩放按钮，可以沿所有3个轴以相同量缩放对象，同时保持对象的原始比例。

使用选择并缩放弹出按钮上的选择并非均匀缩放按钮，可以根据活动轴约束以非均匀方式缩放对象。

使用选择并缩放弹出按钮上的选择并挤压工具，可以根据活动轴约束来缩放对象。挤压对象势必牵涉到在一个轴上按比例缩小，同时在另两个轴上均匀地按比例增大（反之亦然）。

03 复制操作

3ds Max提供了多种复制方式，可以快速创建一个或多个选定对象的多个版本，本节将介绍多种复制操作的方法。

1．变换复制

在场景中选择需要复制的对象，按住Shift键的同时使用变换操作工具"移动"、"旋转"或"缩放"选择对象，开启如右图所示的对话框。使用这种方法能够设定复制的方法和复制对象的个数。

2．克隆复制

在场景中选择需要复制的对象，执行"编辑＞克隆"命令直接进行克隆复制，开启如右图所示的对话框。使用这种方法一次只能克隆一个选择对象。

3．阵列复制

单击菜单栏中的"工具"菜单，在其下拉菜单中选择 "阵列"命令，随后将弹出"阵列"对话框，如下图所示。

使用该对话框可以基于当前选择对象创建阵列复制。该"阵列"对话框中各选项的含义介绍如下：

（1）"阵列变换"选项组

"增量"选项用于指定使用哪种变换组合来创建阵列，还可以为每个变换指定沿3个轴方向的范围。在每个对象之间，可以按"增量"指定变换范围；对于所有对象，可以按"总计"指定变换范围。在任何一种情况下，都测量对象轴点之间的距离。使用当前变换设置可以生成阵列，因此该组标题会随变换设置的更改而改变。

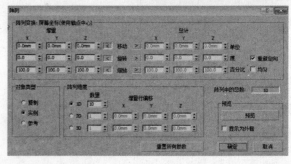

单击"移动"、"旋转"或"缩放"左侧或右侧的箭头按钮，将指示是否要设置"增量"或"总计"阵列参数。

- 移动：指定沿 X、Y 和 Z 轴方向每个阵列对象之间的距离（以单位计）。
- 旋转：指定每个对象围绕3个轴中的任一轴旋转的度数（以度计）。

- 缩放：指定阵列中每个对象沿3个轴中的任一轴缩放的百分比（以百分比计）。
- 单位：指定沿3个轴中每个轴的方向，所得阵列中两个外部对象轴点之间的总距离。例如，如果要为6个对象编排阵列，并将"移动 X"总计设置为100，则这6个对象将按以下方式排列在一行中：行中两个外部对象轴点之间的距离为100个单位。
- 度：指定沿3个轴中的每个轴应用于对象的旋转的总度数。例如，可以使用此方法创建旋转总度数为360度的阵列。
- 百分比：指定对象沿3个轴中的每个轴缩放的总计。
- 重新定向：将生成的对象围绕世界坐标旋转的同时，使其围绕局部轴旋转。当清除此选项时，对象会保持其原始方向。
- 均匀：禁用Y 和Z 微调器，并将 X 值应用于所有轴，从而形成均匀缩放。

（2）"对象类型"选项组

- 复制：将选定对象的副本排列到指定位置。
- 实例化：将选定对象的实例排列到指定位置。
- 参考：将选定对象的参考排列到指定位置。

（3）"阵列维度"选项组

用于添加到阵列变换维数。附加维数只是定位用的。未使用旋转和缩放。

- 1D：根据"阵列变换"选项组中的设置，创建一维阵列。
- 数量：指定在阵列的该维中对象的总数。对于1D阵列，此值即为阵列中的对象总数。
- 2D：创建二维阵列。
- 数量：指定在阵列的该维中对象的总数。
- 增量行偏移：指定沿阵列二维的每个轴方向的增量偏移距离。
- 3D：创建三维阵列。
- 数量：指定在阵列的该维中对象的总数。
- 增量行偏移：指定沿阵列三维的每个轴方向的增量偏移距离。

（4）阵列中的总数：显示将创建阵列操作的实体总数，包含当前选定对象。如果排列了选择集，则对象的总数是此值乘以选择集的对象数的结果。

（5）"预览"选项组

- 预览：切换当前阵列设置的视口预览，更改设置将立即更新视口。如果加速拥有大量复杂对象阵列的反馈速度，则启用"显示为外框"选项。
- 显示为外框：将阵列预览对象显示为边界框而不是几何体。

（6）重置所有参数：将所有参数重置为其默认设置。

04 捕捉操作

捕捉操作能够捕捉处于活动状态位置的3D空间的控制范围，而且有很多捕捉类型可用，可以用于激活不同的捕捉类型。与捕捉操作相关的工具按钮包括捕捉开关、角度捕捉、百分比捕捉、微调器捕捉切换。现分别介绍如下：

（1）捕捉开关

这3个按钮代表了3种捕捉模式，提供捕捉处于活动状态位置的3D空间的控制范围。从捕捉对话框中有很多捕捉类型可用，可以用于激活不同的捕捉类型。

（2）角度捕捉

用于切换确定多数功能的增量旋转，包括标准旋转变换。随着旋转对象或对象组，对象以设置的增量围绕指定轴旋转。

（3）百分比捕捉

用于切换通过指定的百分比增加对象的缩放。

（4）微调器捕捉切换

用于设置 3ds Max 2014 中所有微调器的单个单击所增加或减少的值。

当单击捕捉按钮后，可以捕捉栅格、切换、中点、轴点、面中心和其他选项。

使用鼠标右键单击主工具栏的空区域，在弹出的快捷菜单中选择"捕捉"命令可以开启捕捉工具栏，如右图所示。可以使用"捕捉"选项卡中的这些复选框启用捕捉设置的任何组合。

05 对齐操作

对齐操作可以将当前选择与目标选择进行对齐，这个功能在建模时使用频繁，希望读者能够熟练掌握。

主工具栏中的"对齐"弹出按钮提供了对用于对齐对象的 6 种不同工具的访问。按从上到下的顺序，这些工具依次为对齐、快速对齐、法线对齐、放置高光、对齐摄影机、对齐到视口。

首先在视口中选择源对象，接着在工具栏上单击"对齐"按钮，将光标定位到目标对象上并单击，在开启的对话框中设置对齐参数并完成对齐操作，如右图所示。

06 镜像操作

在视口中选择任一对象，在主工具栏上单击"镜像"按钮将打开"镜像"对话框。在开启的对话框中设置镜像参数，然后单击"确定"按钮完成镜像操作。开启的"镜像"对话框如右图所示。

- "镜像轴"选项组：镜像轴选择为X、Y、Z、XY、YZ和ZX。选择其一可指定镜像的方向。这些选项等同于"轴约束"工具栏上的选项按钮。
- 偏移：指定镜像对象轴点距原始对象轴点之间的距离。
- "克隆当前选择"选项组：确定由"镜像"功能创建的副本的类型，默认设置为"不克隆"。
- 不克隆：在不制作副本的情况下，镜像选定对象。
- 复制：将选定对象的副本镜像到指定位置。
- 实例：将选定对象的实例镜像到指定位置。
- 参考：将选定对象的参考镜像到指定位置。
- 镜像IK限制：当围绕一个轴镜像几何体时，会导致镜像IK约束（与几何体一起镜像）。如果不希望IK约束受"镜像"命令的影响，可禁用此选项。

07 隐藏操作

在建模过程中为了便于操作，常常将部分物体暂时隐藏，以提高界面的操作速度在需要的时候再将其显示。

在视口中选择需要隐藏的对象并单击鼠标右键，在弹出的快捷菜单中选择"隐藏当前选择"或"隐藏未选择对象"命令，将实现隐藏操作。当不需要隐藏对象时，同样在视口中单击鼠标右键，在弹出的快捷菜单中选择"全部取消隐藏"或"按名称取消隐藏"命令，场景的对象将不再被隐藏。

08 冻结操作

在建模过程中为了便于操作，避免对场景中对象的误操作，常常将部分物体暂时冻结，在需要的时候再将其解冻。

在视口中选择需要冻结的对象并单击鼠标右键，在弹出的快捷菜单中选择"冻结当前选择"命令，将实现冻结操作。当不需要冻结对象时，同样在视口中单击鼠标右键，在弹出的快捷菜单中选择"全部解冻"命令，场景的对象将不再被冻结。

09 成组操作

控制成组操作的命令集中在"组"菜单中，它包含用于将场景中的对象成组和解组的功能，如右图所示。

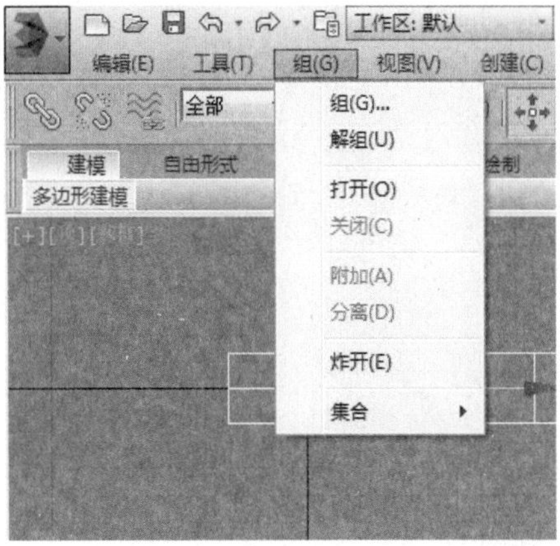

执行"组＞组"命令，可将对象或组的选择集组成为一个组。

执行"组＞解组"命令，可将当前组分离为其组件对象或组。

执行"组＞打开"命令，可暂时对组进行解组，并访问组内的对象。

执行"组＞关闭"命令，可重新组合打开的组。

执行"组＞附加"命令，可使选定对象成为现有组的一部分。

执行"组＞分离"命令，可从对象的组中分离选定对象。

执行"组＞炸开"命令，解组组中的所有对象。它与"解组"命令不同，后者只解组一个层级。

执行"组＞集合"命令，在其级联菜单中提供了用于管理集合的命令。

设计师训练营 自定义绘图环境

在这里，我们将一起练习如何对3ds Max 2014实施个性化设置操作，比如单位设置和快捷键设置。

1. 单位设置

单位是在建模之前必须要调整的要素之一，设置的单位用于度量场景中的几何体。这样做更是为了使绘制的图纸更加精确。设置单位的具体操作过程如下：

Step 01 执行"自定义>单位设置"命令如下左图所示，或者按下快捷键Alt+U+U，开启"单位设置"对话框，如下右图所示。

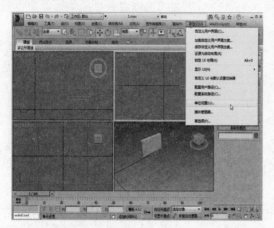 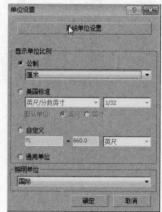

Step 02 打开"公制"下拉列表，从中选择"毫米"选项，如下左图所示。

Step 03 单击位于最上方的"系统单位设置"按钮，如下右图所示。

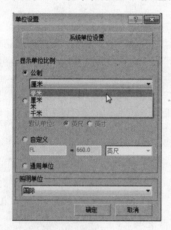 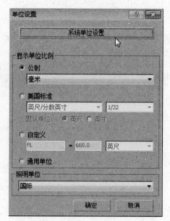

Step 04 弹出"系统单位设置"对话框，从中将"系统单位比例"设置为"毫米"，如下左图所示。

Step 05 设置完成后单击"确定"按钮返回，又返回到了"单位设置"对话框，再次单击"确定"按钮，如下右图所示，即可完成设置。

除了这些单位之外，软件也将系统单位作为一种内部机制。只有在创建场景或导入无单位的文件之前才可以更改系统单位。不要在现有场景中更改系统单位。

知识链接　　认识单位设置对话框

"单位设置"对话框建立单位显示的方式，通过它可以在通用单位和标准单位（英尺和英寸，还是公制）间进行选择。也可以创建自定义单位，这些自定义单位可以在创建任何对象时使用。

- 系统单位设置：单击以显示"系统单位设置"对话框并更改系统单位比例。
- "显示单位比例"选项组：选择单位比例选项（"公制"、"美国标准"、"自定义"或"通用"）激活设置。
- 公制：选择此选项，然后选择公制单位（"毫米"、"厘米"、"米"、"公里"）。
- 美国标准：选择此选项，然后选择"美国标准"单位。如果选择分数单位，那么将会激活相邻的列表选择分数组件。小数单位不需要其他额外的指定。
- 自定义：填充该字段可以定义度量的自定义单位。
- 通用单位：这是默认选项（一英寸），它等于软件使用的系统单位。
- "照明单位"选项组：在该选项组中可以选择灯光值是以"美国单位"还是"国际单位"显示。

2．快捷键设置

在实际工作与学习中为了提高效率，个性快捷键的设置将帮助用户在作图时更加得心应手，接下来将为用户详细讲解快捷键的设置方法。

Step 01 执行"自定义 >自定义用户界面"命令，如下左图所示。

Step 02 打开"自定义用户界面"对话框，单击"键盘"标签，切换到"键盘"选项卡，如下右图所示。

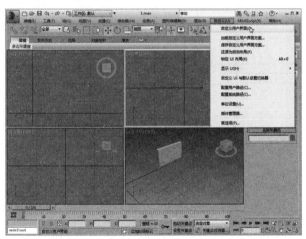

Step 03 从图中可以发现"按名称选择"的快捷键为H，如下左图所示。

Step 04 选择"按名称选择"选项，单击"移除"按钮。如下右图所示。可以发现"按名称选择"选项将不在有快捷键。

Step 05 假设将"按名称选择"的快捷键替换成"1（数字1）"，那么在"热键"文本框中输入"1"，如下左图所示。

Step 06 单击"指定"按钮，如下右图所示。可以看出"按名称选择"的快捷键显示为"1"，这样快捷键的设计就完成了。

在"键盘"选项卡中还可以创建很多属于自己的快捷键，也可以为大多数命令指定快捷键。这里将不再展开介绍，用户可自行体验。

1. 选择题

(1) 3ds Max 中默认的对齐快捷键为（　　）。

A.w
B.Shift+j

C.Alt+a
D.Ctrl+dc

(2) 3ds Max 的插件默认安装在（　　）目录下。

A.3ds Max 的安装
B.plugcfg

C.plugins
D.Scripts

(3) 在放样的时候，默认情况下截面图形上的哪一点放在路径上（　　）。

A. 第一点
B. 中心点

C. 轴心点
D. 最后一点

(4) 渲染场景的快捷方式默认为（　　）。

A.F9
B.F10

C.Shift+Q
D.F11

(5) 复制关联物体的选项是（　　）。

A. 复制
B. 参考

C. 实例
D. 都不是

2. 填空题

(1) 在默认状态下，视图区一般有_____个相同的方形窗格组成，每一个方形窗格为一个视图。

(2) 打开材质面板的快捷键是_____，打开动画记录的快捷键是_____，锁定 X 轴的快捷键是_____。

(3) 3ds Max9 设计步骤为_____、_____、_____、_____、_____。

3. 操作题

如何将渲染的快捷键改为3，如下图所示。

Chapter

03

基础建模技术

本章详细介绍了几何体和基本图形的创建方法，在许多小案例间穿插讲解了很多高效技巧，并对对象的设置进行了详细的讲解。掌握本章的知识后，对后面章节的学习会有很大的帮助。

重点难点

- 理解几何体与图形的区别
- 掌握对象的参数设置
- 掌握基本体创建、应用及形态
- 掌握扩展基本体的创建、应用及形态

Section 01 创建标准基本体

本节将对3ds Max 2014中标准基本体的命令和创建方法进行详细介绍，以帮助用户能够更快地熟悉了解和使用该软件。

首先来认识标准基本体，标准基本体包括：长方体、圆锥体、球体、几何球体、圆柱体、管状体、圆环、四棱锥、茶壶、平面。

在命令面板中单击"创建" ❋ > "几何体" ◎ > "标准基本体" 标准基本体 命令，即可显示全部基本体，如右图所示。

01 长方体

长方体是建模最常用的基本体之一，下面将为用户详细介绍长方体的创建方法和参数的设置。具体操作步骤如下。

Step 01 在"创建"命令面板中单击"几何体"按钮，在"标准基本体"下面单击"长方体"按钮。激活顶视图，拖动鼠标绘制长方体，如下左图所示。

Step 02 此时光标变换形状，在透视图中按住鼠标左键并拖动绘制出一个矩形。再将光标向上移动，此时长方体的"参数"卷展栏中的参数开始变化，如下右图所示。

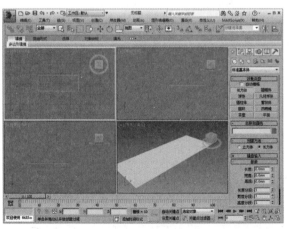
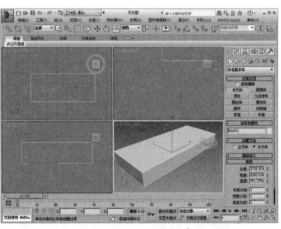

Step 03 向上移动光标到指定高度后释放鼠标左键，创建一个长方体，如下左图所示。

Step 04 在"参数"卷展栏中设置"长度分段"为2、"宽度分段"为3、"高度分段"为4，如下右图所示。

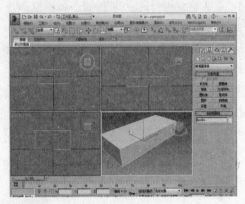 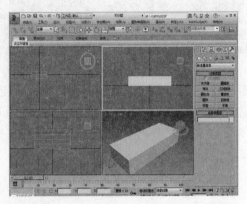

Step 05 在视图左上角的视图名称处单击鼠标右键，在弹出的快捷键菜单中选择"面"命令，如下左图所示。

Step 06 长方体的各个面上显示出了Step04中设置的分段细节，如下右图所示。

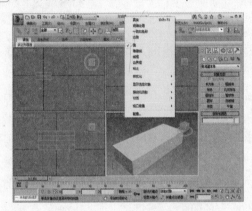 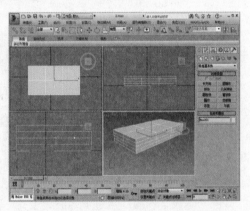

Step 07 在命令面板单击"修改"按钮，进入长方体"修改"命令面板，如下左图所示。

Step 08 在"修改"命令面板中，可以在"长度"、"宽度"、"高度"数值框内输入所需值，得到相应大小的长方体，如下右图所示。

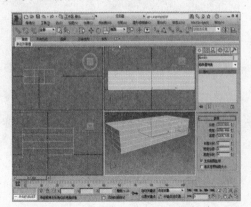 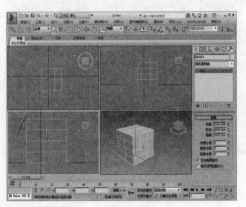

关于长方体的介绍就到此结束了，在以后的学习中还会连续为用户进行讲解。

02 圆锥体

接下来讲解的是圆锥体,这个命令还可以用于创建天台。该命令的具体使用方法如下。

Step 01 在"创建"命令面板中单击"几何体"按钮,在"标准基本体"下单击"圆锥体"按钮,在透视视图中单击并拖动创建一个圆面,如下左图所示。

Step 02 释放鼠标左键,沿Z轴向上移动鼠标,圆面升起成圆柱,其高度随光标的位置变化而变化,如下右图所示。

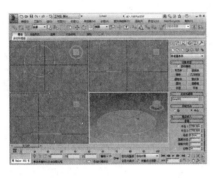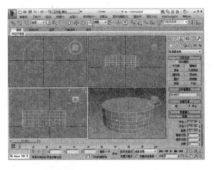

Step 03 到适当位置时单击,圆柱高度停止变化。释放鼠标左键后移动鼠标,圆柱顶面随鼠标移动而放大或者缩小,如下左图所示。

Step 04 到适当位置时单击,圆台创建完成,如下右图所示。

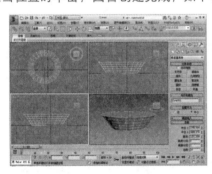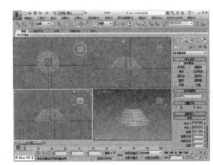

Step 05 当其顶面缩小到极点时圆台就变成圆锥了,如下左图所示。

Step 06 在"修改"命令面板中,影响圆台的参数为"半径1"(底圆半径)、"半径2"(顶圆半径)和"高度"(台高)。当"半径2"为0时,圆台变成圆锥。分段控制参数分为"高低分段"、"端面分段"和"边数"3项,如下右图所示。

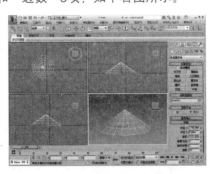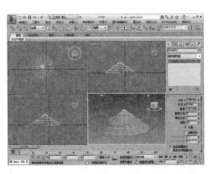

对圆锥体的讲解就到此结束了,用户可自行体验。

03 球体

下面将讲解"球体"基本体的创建，其具体操作步骤如下。

Step 01 在"创建"命令面板中单击"几何体"按钮，在"标准基本体"下单击"球体"按钮，在透视视图中按住鼠标左键拖动创建一个球体，如下左图所示。

Step 02 在球体的"参数"卷展栏中设置"半径"为2000mm，单击"创建"按钮，自动生成球体，然后再打开"参数"卷展栏，适当调整其他参数，如下右图所示。

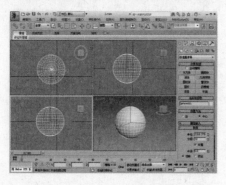 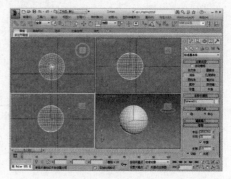

Step 03 打开"修改"命令面板，参数如下左图所示。

Step 04 在"参数"卷展栏的"半球"数值框中输入0.6，即沿Z轴去掉60%球体，同时选中"切除"单选按钮，如下右图所示。

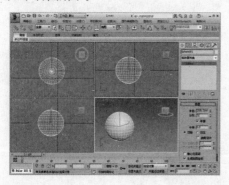 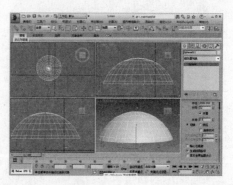

Step 05 在"创建"命令面板中单击"几何体"按钮，在"标准基本体"下单击"球体"按钮，在透视视图中按住鼠标左键拖动创建一个球体，如下左图所示。

Step 06 在"参数"卷展栏中勾选"启用切片"复选框，并设置"切片起始位置"为40、"切片的结束位置"为160，如下右图所示。

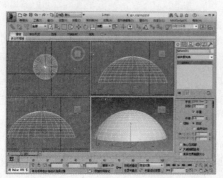 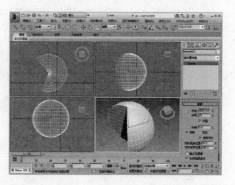

04　几何球体

下面将介绍几何球体的创建，其具体操作步骤如下。

Step 01 单击"几何球体"按钮，在"创建方法"卷展栏中选中"直径"单选按钮，在顶视图中创建球体。此方法与选项球体的"边"选项相同，均指以鼠标移动的距离为球体的直径，如下左图所示。

Step 02 在"参数"卷展栏中将"分段"设置为1，并取消勾选"平滑"复选框，即可区分各种基点面类型，如下右图所示，为二十面体。

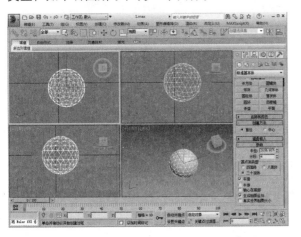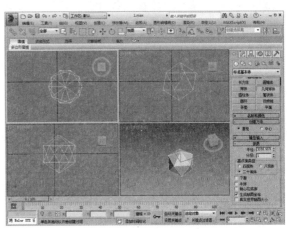

Step 03 四面体组成几何球体的分段是4个面，如下左图所示。

Step 04 同样的，八面体即组成几何体的分段面是8个面，如下右图所示。

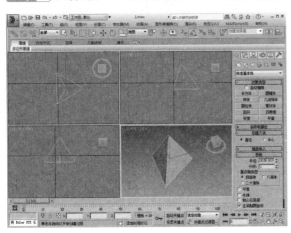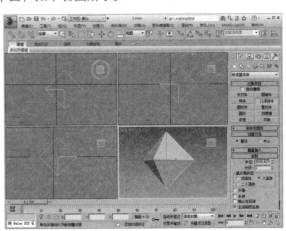

三维对象的细腻程度与物体的分段数有着密切的关系，分段数越多，物体表面就越细腻光滑，反之分段数越少，物体表面就越粗糙。几何球体的知识就讲到这里，用户可自行体验。

05　圆柱体

通过上面的学习，圆柱体也可以转变为棱柱，圆柱体相对其他基本体要简单一些，用户很容易掌握，操作步骤如下。

Step 01 在"创建"命令面板中单击"几何体"按钮，在"标准基本体"下单击"圆柱体"按钮，创建圆柱体，如下左图所示。

Step 02 打开"修改"命令面板，参数如下右图所示。

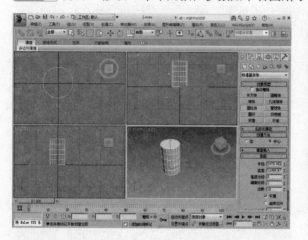 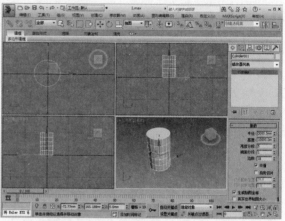

Step 03 将"参数"卷展栏中的"边数"改为6时，如下左图所示，图中的圆柱体变成了六棱柱。

Step 04 在"参数"卷展栏中勾选"启用切片"复选框，并设置"切片起始位置"为40、"切片的结束位置"为160，如下右图所示。

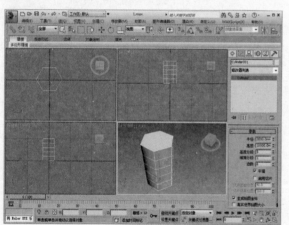 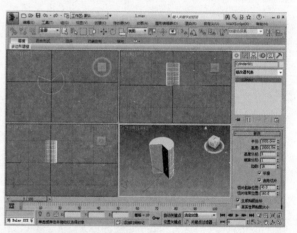

圆柱体就讲到这里，用户可以结合上述已经讲过的基本体做一些小模型作为练习。

06 管状体

管状体主要应用于管道类物体的制作，相对而言比较简单，下面将一起学习管状体。步骤如下。

Step 01 在"创建"命令面板中单击"几何体"按钮，在"标准基本体"下单击"管状体"按钮，在顶视图中按住鼠标左键并拖动，产生一个圆圈，如下左图所示。

Step 02 到适当位置松开鼠标左键并反方向拖动鼠标，产生一个圆环面，如下右图所示。

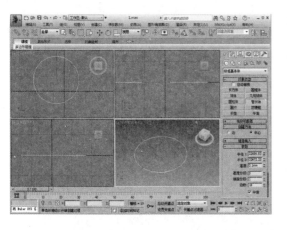 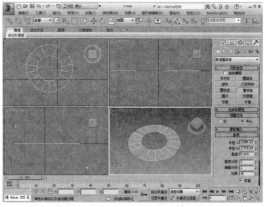

Step 03 到适当的位置单击鼠标左键，放开后沿Z轴拖动鼠标，圆环面升起变成圆管，如下左图所示。

Step 04 到适当高度后单击鼠标左键，松开左键完成管状体的创建，如下右图所示。

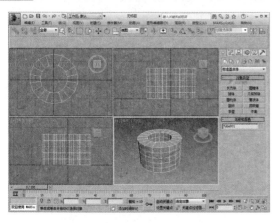 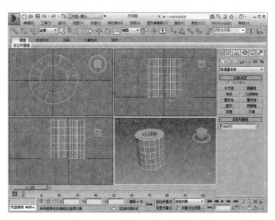

Step 05 打开"修改"命令面板，"半径1"和"半径2"分别控制圆管截面的外径和内径。其余参数与圆台含义相同。管状体、圆锥体、圆柱体三者属于相近形状，他们的参数控制方法也相同，如下左图所示。

Step 06 在"参数"卷展栏中勾选"启用切片"复选框，并设置"切片起始位置"为30、"切片的结束位置"为160，如下右图所示。

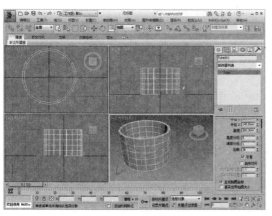 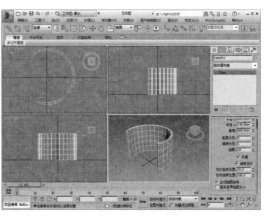

对管状体的讲解就到这里了，用户要注意在以后学习中的使用。

07 圆环

接下来我们将对圆环进行讲解，圆环的内容相比前面几个标准基本体又多增加了一些知识点。圆环创建的具体操作步骤如下。

Step 01 在"创建"命令面板中单击"几何体"按钮，在"标准基本体"下单击"圆环"按钮，在顶视图中按住鼠标左键并拖动，如下左图所示。

Step 02 到适当的位置松开鼠标左键并向相反方向拖动鼠标，可以看到内径跟随光标变化，如下右图所示。

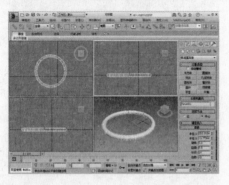 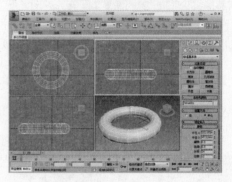

Step 03 到适当位置单击鼠标左键，完成圆环的创建，如下左图所示。

Step 04 需要注意的是圆环的"半径1"、"半径2"与其他几何物体不同，"半径1"指轴半径，"半径2"指截面半径，如下右图所示。

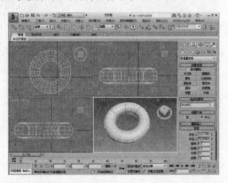 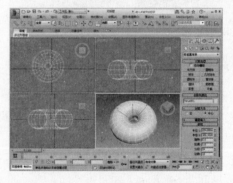

Step 05 利用"分段"数值框右侧的微调按钮进行调节，注意随着分段的变化圆环的变化情况，由此可明白圆环的分段是水平排列，如下左图所示。

Step 06 利用同样的方法可以观察"边数"的含义，圆环的边指与圆环平行的母线之间的段数，如下右图所示为边数为4的圆环。

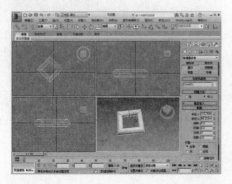 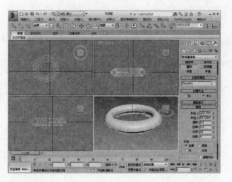

Step 07 利用同样的方法来观察"扭曲"的作用方式。圆环扭曲是以环轴为轴心进行的，从分段的变化即可看出，如下左图所示。

Step 08 圆环的平滑要复杂些，因为圆环有两个方向需要平滑，包括与侧面、分段和全部，如下右图所示为选中"全部"单选按钮的效果。

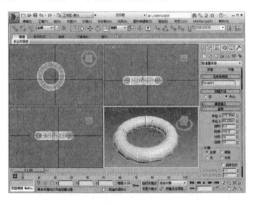 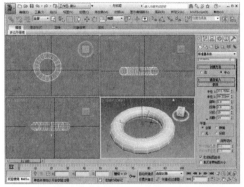

Step 09 选中"侧面"单选按钮后，与圆环平行的方向上的连续面形成一个光滑组，如下左图所示。

Step 10 选中"分段"单选按钮后，与圆环断面平行的面形成一个光滑组，如下右图所示。

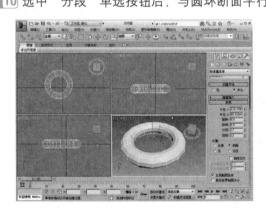 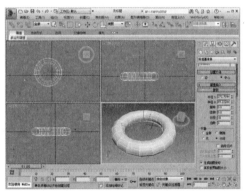

Step 11 选中"无"单选按钮后，与圆环平行的方向和与圆环断面平行的方向上的所有面都不进行平滑，如下左图所示。

Step 12 利用同样的方法可以观察"边数"的含义，圆环的边指与圆环平行的母线之间的段数，如下右图所示为边数为4的圆环。

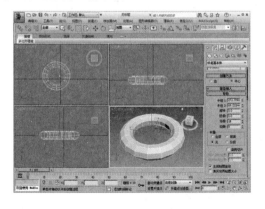 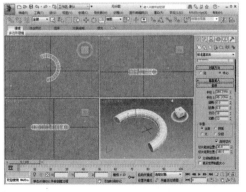

圆环与其他基本体相比知识点会多一些，用户一定要熟练掌握，以便以后更加熟练建模。

08 茶壶

接下来讲的是茶壶，这也是一个前期会比较常用的基本体。下面将对其具体的创建步骤进行介绍。

Step 01 在"创建"命令面板中单击"几何体"按钮，在"标准基本体"下单击"茶壶"按钮，在透视视图中用鼠标创建一个茶壶，如下左图所示。

Step 02 茶壶只有"半斤"和"分段"两个控制参数。"分段"的控制方式与圆柱相似，如下右图所示。

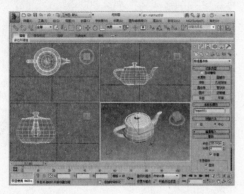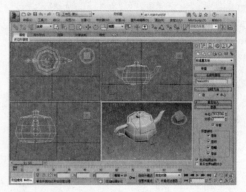

Step 03 "茶壶部件"选区控制是否创建茶壶各组成部件，如下左图所示为勾选"壶体"复选框的效果。

Step 04 勾选"壶把"复选框，取消勾选其他部件复选框，视图中将只显示壶把，如下右图所示。

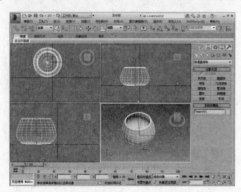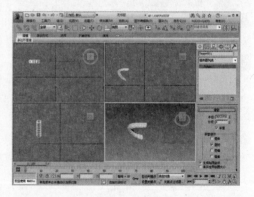

Step 05 勾选"壶嘴"复选框，取消勾选其他部件复选框，视图中将只显示壶嘴，如下左图所示。

Step 06 勾选"壶盖"复选框，取消勾选其他部件复选框，视图中将只显示壶盖，如下右图所示。

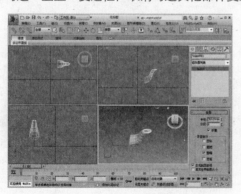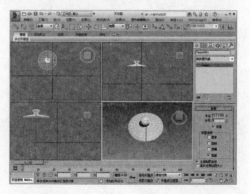

茶壶的命令就讲解到这里了，在本节后面的实例中会用到茶壶及壶身，用户一定要熟练茶壶命令的运用。

Section 02 创建扩展基本体

本节将对3ds Max 2014中扩展基本体的命令和创建方法进行详细介绍，以帮助用户能够更快地熟悉了解和使用该软件。接下来我们先扩展初步认识扩展基本体。

扩展基本体的位置：在命令面板中单击"创建" > "几何体" > "扩展基本体" 扩展基本体，其中包括异面体、环形结、切角长方体、切角圆柱体、油罐、胶囊、纺锤、L-Ex（L形拉伸体）、球棱柱、C-Ext(C形拉伸体)、 环形波、软管、棱柱，如右图所示。

01 异面体

异面体是一个可调整的由3、4、5边形围成的几何形体，其创建步骤如下。

Step 01 在"创建"命令面板中单击"几何体"按钮，在"扩展基本体"下单击"异面体"按钮，创建一个多面体，如下左图所示。

Step 02 四面体、立方体/八面体、十二面体/二十面体、星形1、星形2的效果如下右图所示。

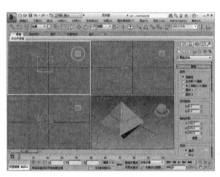
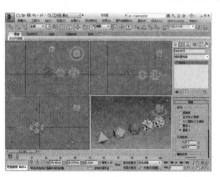

Step 03 "系列参数"选区中的P、Q两个参数控制着多面体顶点和轴线双重变换的关系，二者之和不能大于1。设定其中一方不变，另一方增大，当二者之和大于1时系统会自动将不变的那一方降低，以保证二者之和等于1。如下左图所示为P为0.6、Q为0.1时的四面体，如下左图所示。

Step 04 "轴向比率"选区中的P、Q、R 3个参数分别为其中一个面的轴线，调整这些参数便可以将这些面分别从其中心凹陷或凸出，如下右图所示为P为100、Q为50、R为80的立方体/八面体。

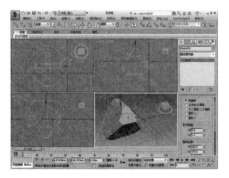
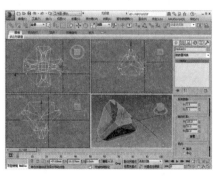

02 环形结

接下来我们讲解的是环形结，该功能常用于室内花式的建模，其创建步骤如下。

Step 01 在"创建"命令面板中单击"几何体"按钮，在"扩展基本体"下单击"环形结"按钮，创建一个多结圆环体，如下左图所示。

Step 02 "基础曲线"选区有两种形式，一种是"结"，另一种是"圆"，如下右图所示为选择"圆"单选按钮，将"扭曲数"设置为8，将"扭曲高度"设置为0.3的效果。

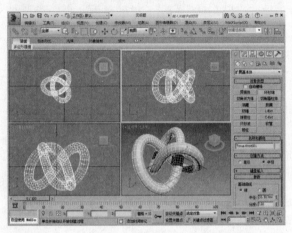 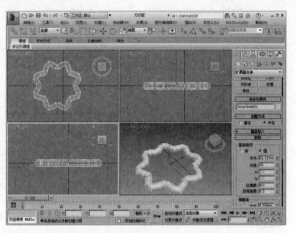

Step 03 P、Q两个控制参数分别控制垂直和水平方向的环绕次数。如下左图所示为P为2.5、Q为2的效果。当数值不是整数时，对象有相应的断裂。

Step 04 "横截面"参数卷展栏下面的"半径"是控制横截面的半径，"边数"是控制横截面的边数，"偏心率"是横截面偏离中心的比例，"扭曲"是指横截面的扭曲程度。如下右图所示，设置"半径"为19、"边数"为12、"偏心率"为0.7、"扭曲"为21。

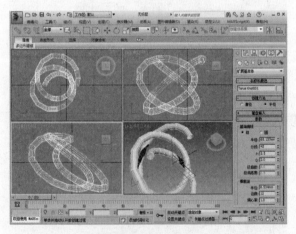 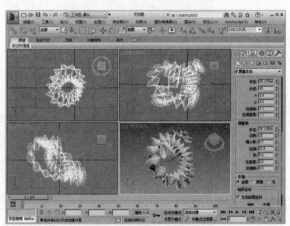

关于环形结的讲解就到这里，用户可自行体验。

03 切角长方体、油罐、胶囊、纺锤体

下面将对常见的切角长方体、切角圆柱体、油罐、胶囊、纺锤体的创建过程进行详细介绍，其具体操作步骤如下。

Step 01 在"创建"命令面板中单击"几何体"按钮，在"扩展基本体"下单击"切角长方体"按钮，创建一个倒角长方体，如下左图所示。该功能常用于室内平整形家居的建模，如衣柜，写字台等。

Step 02 关键参数为"圆角"和"圆角分段"。如下右图所示，设置"圆角为"10、"圆角分段"为5，其余参数与长方体相同。

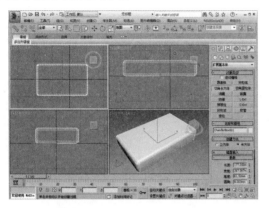 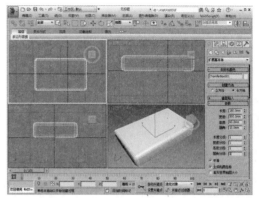

Step 03 在"创建"命令面板中单击"几何体"按钮，在"扩展基本体"下单击"切角圆柱体"按钮，创建一个倒角圆柱，如下左图所示。

Step 04 关键参数为"圆角"和"圆角分段"。如下右图所示，设置"圆角为"12、"圆角分段"为3。

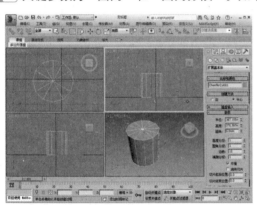 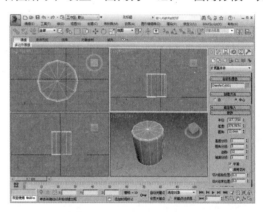

Step 05 在"创建"命令面板中单击"几何体"按钮，在"扩展基本体"下单击"油罐体"按钮，创建一个油罐体，如下左图所示。

Step 06 关键参数"混合"控制着半球与圆柱体交接边缘的圆滑量，如下右图所示为"混合"为30的效果。

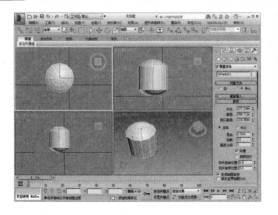 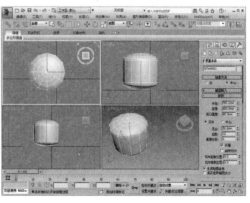

Step 07 在"创建"命令面板中单击"几何体"按钮，在"扩展基本体"下单击"胶囊体"按钮，创建一个胶囊体，控制参数与圆柱体基本相同，常用于室内建模类似的形体，如下左图所示。

Step 08 在"参数"卷展栏中勾选"启用切片"复选框，并设置"切片起始位置"为30、"切片的结束位置"为180，如下右图所示。

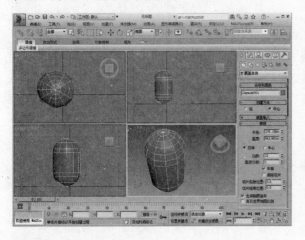 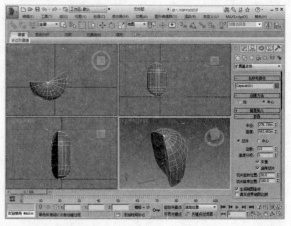

Step 09 在"创建"命令面板中单击"几何体"按钮，在"扩展基本体"下单击"纺锤"按钮，创建一个纺锤体，如下左图所示。

Step 10 关键参数"混合"控制着半球与圆柱体交接边缘的圆滑程度，如下右图所示。

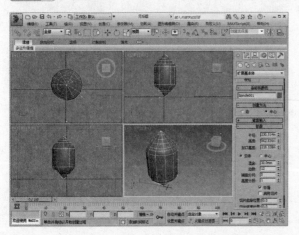 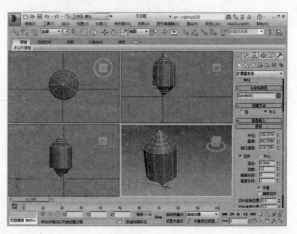

切角长方体、油罐、胶囊和纺锤都是圆柱的扩展几何体。显然，这一类几何模型被称为扩展基本体的原因在与他们都是由标准基本体演变而来的，这些知识就先讲解到这里，用户可自己练习，熟悉掌握这些几何体。

04 球棱柱、C形延伸体、软管、棱柱

接下来对球棱柱、C形延伸体、软管、棱柱进行讲解，其创建步骤如下。

Step 01 在"创建"命令面板中单击"几何体"按钮，在"扩展基本体"下单击"球棱柱"按钮，创建一个多边倒角棱柱，如下左图所示。该功能常用于创建花样形状，如地毯、墙面饰物。

Step 02 关键参数有"边数"、"半径"、"圆角"、"高度"、"侧面分段"、"高度分段"、"圆角分段"，如下右图所示。

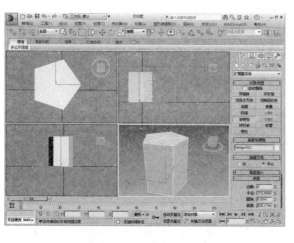 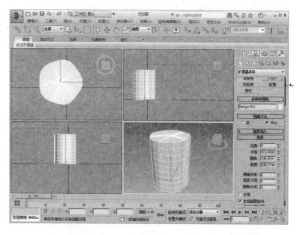

Step 03 在 "创建" 命令面板中单击 "几何体" 按钮，在 "扩展基本体" 下单击C-Ext按钮，创建C形体，如下左图所示，该功能常用于创建室内墙壁、屏风等。

Step 04 控制参数包括背面/侧面/前面长度和宽度、高度、背面/侧面/前面宽度/高度分段，如下右图所示。

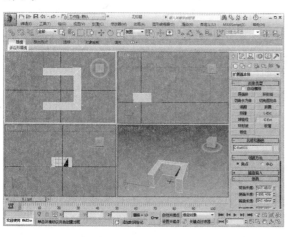 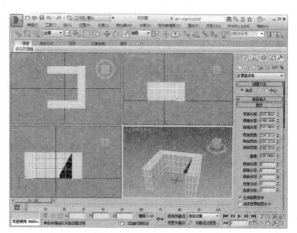

Step 05 在 "创建" 命令面板中单击 "几何体" 按钮，在 "扩展基本体" 下单击 "软管" 按钮，创建一个软管体，如下左图所示，该功能常用于创建喷淋管、弹簧等。

Step 06 在 "绑定对象" 选区中有 "顶部" 、 "拾取顶部对象" 、 "张力" 等参数，如下右图所示。

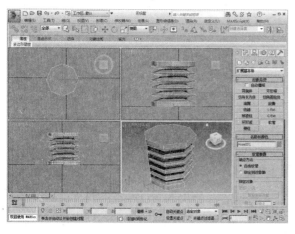 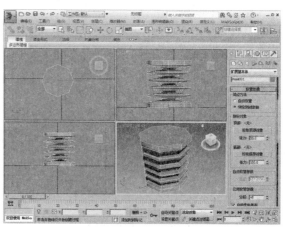

Step 07 在"软管形状"选区中选择"长方形软管"，设置"宽度"为500mm、"深度"为400mm、"圆角"为60mm、"圆角分段"为3，如下左图所示。

Step 08 在"软管形状"选区中选择"D截面软管"，设置"宽度"为500mm、"深度"为600mm、"圆形侧面"为5，如下右图所示。

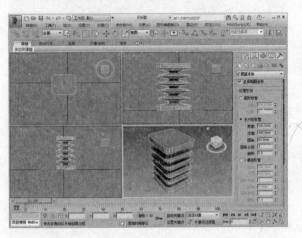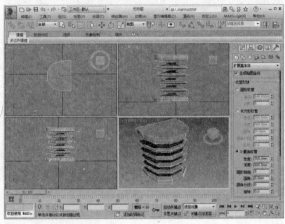

Step 09 在"创建"命令面板中单击"几何体"按钮，在"扩展基本体"下单击"棱柱"按钮，创建一个三棱柱，如下左图所示，该功能常用于简单形体家居的创建。

Step 10 关键参数有各侧面长度、宽度、高度以及各侧面分段，如下右图所示。

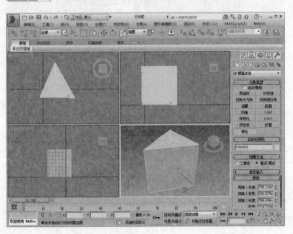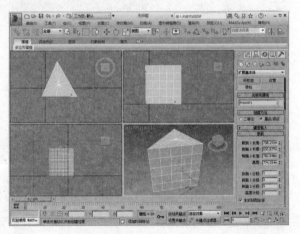

　　球棱柱、C形延伸体、软管、棱柱的讲解就到这里，用户可以多多尝试，体会这些扩展基本体的创建乐趣。

（图标）设计师训练营　茶几与茶具的设计

　　标准基本体在我们的建模中扮演着相当重要的角色，接下来将带领用户创建一个茶几和一些茶具这样的小场景来感受一下标准基本体创建及其他工具命令的运用。

Step 01 在前面已经为用户讲到在建模前一定要对视图进行单位设置，执行"自定义>单位设置"或者按下快捷键Alt+U+U，对单位进行操作，如下左图所示。

Step 02 先创建一个简单的茶几，在"创建"命令面板中单击"几何体"按钮，在"标准基本体"下单击"长方体"按钮，创建一个"长度"为1000mm、"宽度"为800mm、"高度"为30mm的长方形桌面，如下右图所示。

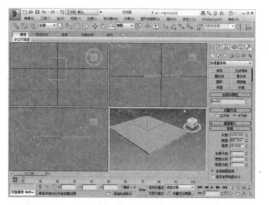

Step 03 创建四个茶几的四个支持腿，首先开启"2.5维"的捕捉工具，如下左图所示。

Step 04 在"创建"命令面板中单击"几何体"按钮，在"标准基本体"下单击"长方体"按钮，创建一个"长度"为60mm、"宽度"为60mm、"高度"为-450mm的长方形桌腿，如下右图所示。

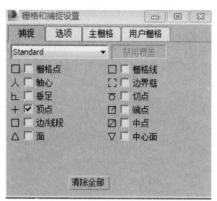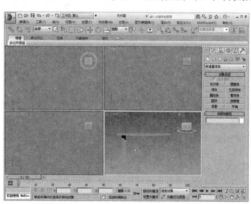

Step 05 开启"移动"命令和"2.5捕捉"将长方体桌腿的一个顶点捕捉到桌面的一个顶点，如下左图所示。

Step 06 按Shift键，复制3个实例，如下右图所示。

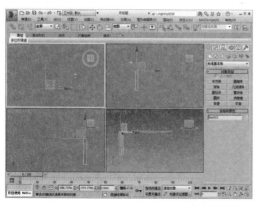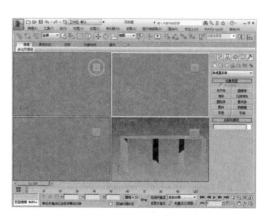

Step 07 将其他三条腿分别放到桌面的其他顶点处，如下左图所示。

Step 08 选择顶视图，在"创建"命令面板中单击"几何体"按钮，在"标准基本体"下单击"长方体"按钮，创建一个"长度"为40mm、"宽度"为800mm、"高度"为40mm的长方形桌腿，如下右图所示。

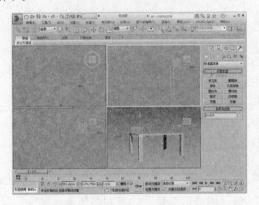 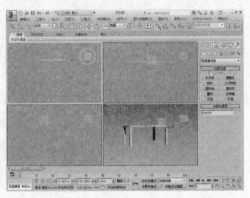

Step 09 在前视图中进行操作，将长方体捕捉到桌腿下方，如下左图所示。

Step 10 右击"选择和移动"按钮或者按下F12键，将弹出一个"移动变换输入"对话框，在"偏移：屏幕"下"Y"的数值框中输入110，如下右图所示。

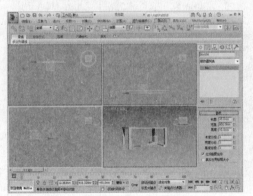 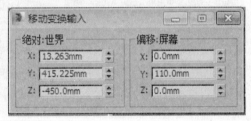

Step 11 单击或者按Enter键即可看到如下左图所示的效果。

Step 12 选择顶视图，在"创建"命令面板中单击"几何体"按钮，在"标准基本体"下单击"长方体"按钮，创建一个"长度"为1000mm、"宽度"为40mm、"高度"为40mm的长方体，如下右图所示。

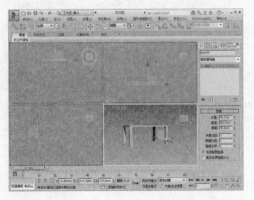 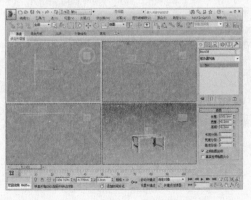

Step 13 在左视图中进行操作，将长方体捕捉到桌腿下方，如下左图所示。

Step 14 右击"选择和移动"按钮或者按下F12键，将弹出一个"移动变换输入"对话框，在"偏移：屏幕"下"Y"的数值框中输入200，如下右图所示。

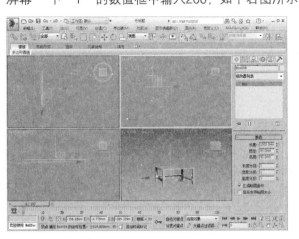

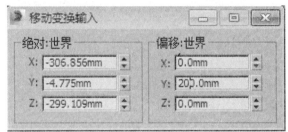

Step 15 单击或者按Enter键即可看到如下左图所示的效果。

Step 16 向正对面复制实例，如下右图所示。

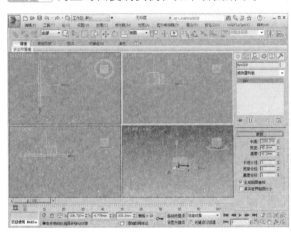

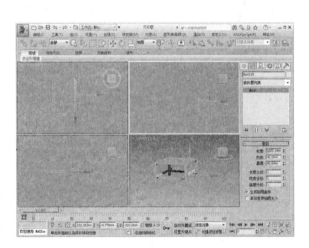

Step 17 参考前面的方法再在空间中创建两根木条，如下左图所示。

Step 18 简单茶几的模型已经建好了，如下右图所示。

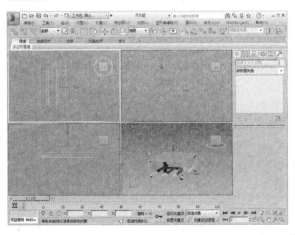

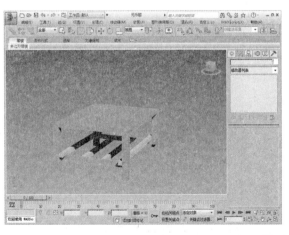

Step 19 因为是由多个长方体组合成的，所以颜色比较多，现在我们将颜色统一为灰色，首先在顶视图中，将整个物体都框选住，如下左图所示。

Step 20 全选以后会发现命令面板中的"名称与颜色"卷展栏下有一个颜色框，如下右图所示鼠标所指位置。

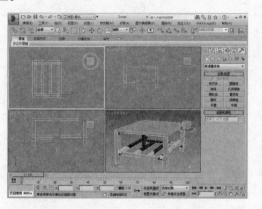 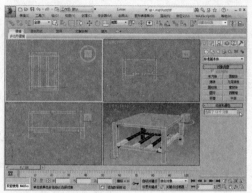

Step 21 单击颜色框后会弹出一个"对象颜色"对话框，如下左图所示。

Step 22 选择完成后单击"确定"按钮即可，如下右图所示。

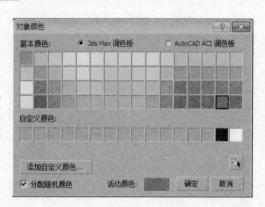 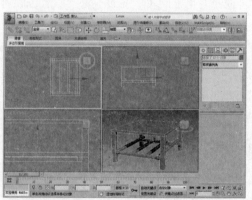

Step 23 为了避免刚接触的用户把模型弄散，将茶几的整体成组，执行"组>组"的命令，如下左图所示。

Step 24 单击"组"命令后，弹出一个"组"的对话框，将组名设置成为"茶几"，单击"确定"即可，如下右图所示。

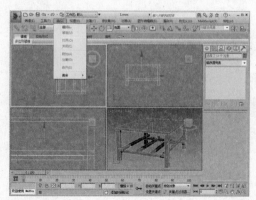 

Step 25 "茶几"的建模基本已经完成了，接下来一起创建茶壶和茶杯。茶壶比较简单，直接用"茶壶"这个标准基本体命令在顶视图中拉出一个半径为80mm茶壶，如下左图所示。

Step 26 从前和右视图可以看出茶壶有一部分与桌面相融合，所以我们要调整壶底与桌面相重合，这样我们就用到了"对齐"命令。选中茶壶，执行"对齐"命令，如下右图所示。

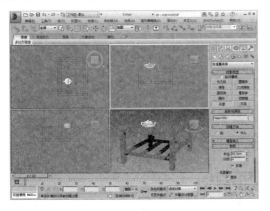 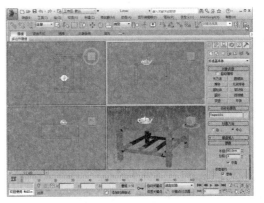

Step 27 单击"对齐"命令以后，鼠标会变成 形状，单击"茶几"弹出"对齐当前选择"对话框，如下左图所示。

Step 28 只选择"Y位置"单选按钮，在"当前对象"选项区中选择"轴点"单选按钮，在"目标对象"选项区中选择"最大"单选按钮，如下右图所示。

Step 29 单击"确定"按钮，如下左图所示，可以看出茶壶已经平稳地放置在了桌面上了。

Step 30 根据上述内容将茶壶颜色改成"浅蓝色"，如下右图所示。

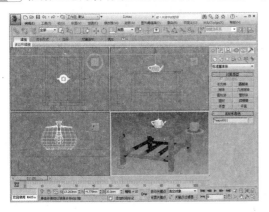 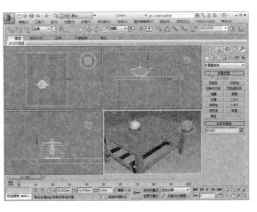

Step 31 完成茶壶以后我们创建茶杯，在茶壶的基础之上再复制一个茶壶，如下左图所示。

Step 32 打开"修改"命令面板，将"参数"卷展栏中的"半径"设置为30，"茶壶部件"选项组中只勾选"壶体"复选框，如下右图所示。

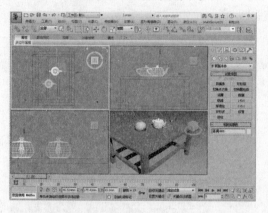 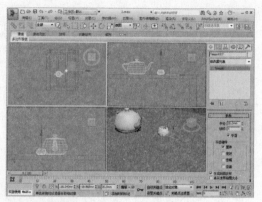

Step 33 使用"选择并挤压"命令时茶壶进行简单调整，如下左图所示。

Step 34 再实例复制多个茶杯出来，组成一套，如下右图所示。

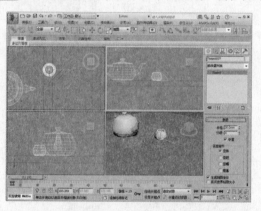 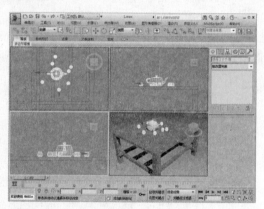

Step 35 将茶壶和茶杯全选，成组为茶具，如下左图所示。

Step 36 这个小场景就建模结束了，如下右图所示。

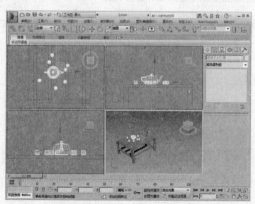 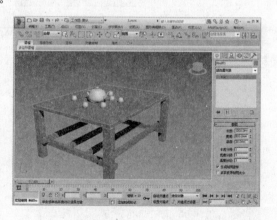

　　考虑到用户初次建模，这次建模相对比较简单，只用到几个标准基本体，用户可在此基础上加以发挥，尽量掌握三维建模的要素，为以后创建大场景打下坚实的基础。

1. 选择题

(1) 执行文件菜单中的（　　）命令，3ds Max 2014 的系统界面复位到初始状态。

　　A. 新建　　　　　　　　　　　　B. 合并

　　C. 导入　　　　　　　　　　　　D. 重置

(2) 复制具有关联性物体的选项为（　　）。

　　A. 加点　　　　　　　　　　　　B. 参考

　　C. 复制　　　　　　　　　　　　D. 实例

(3) 在 3ds Max 2014 中默认保存文件的扩展名是（　　）。

　　A. *.3ds　　　　　　　　　　　　B. *.Dxf

　　C. *.Dwg　　　　　　　　　　　 D. *.Max

(4) 在标准几何体中，惟一没有高度的物体是（　　）。

　　A. 长方体　　　　　　　　　　　B. 圆锥体

　　C. 四棱锥　　　　　　　　　　　D. 平面

(5) 标准几何体创建命令长方体，按下键盘上的 <Ctrl> 键后再拖动鼠标，即可创建出（　　）。

　　A. 四面体　　　　　　　　　　　B. 梯形

　　C. 正方形　　　　　　　　　　　D. 正方体

2. 填空题

(1) _____变形命令用于产生适配变形。

(2) 3ds Max 中提供了_____种视图布局。

(3) 在所有正交视图中_____和_____没有区别。

(4) 建筑上常用单位是_____。

(5) 默认状态下，按住_____可以锁定所选择的物体，以便对所选对象进行编辑。

3. 操作题

读者课后可以综合运用多种建模方法创建一台电脑模型，如下图所示。

Chapter
04

高级建模技术

　　本章将为用户讲解高级建模的技术，建模经常会用到这些命令，通过对本章的学习用户也会掌握到多种常用的建模方法，也是用户必须熟悉掌握的基本知识。

重点难点

- 样条线的创建
- Nurbs曲线与样条线的区别
- 复合对象的使用方法
- 修改器的基础知识的了解和使用

Section 01 样条线

样条线是指由两个或两个以上的顶点及线段所形成的集合线。利用不同的点线配置以及曲度变化，可以组合出任何形状的图案。样条线的位置：在命令面板中单击"创建" > "图形" > "样条线" 样条线▼。

样条线包括线、矩形、圆、椭圆、弧、圆环、多边形、星形、文本、螺旋线、截面等11种，如右图所示。

建筑及室内设计常用到的样条线就是线，故下面将详细讲解线的创建和使用方法。

01 线的创建

线在建模中扮演着非常重要的角色，用户一定要重视线创建的学习。线的创建步骤如下。

Step 01 在"创建"命令面板中单击"图形"按钮，在"样条线"下单击"线"按钮，在顶视图中单击鼠标左键，并跳跃式继续单击不同位置，生成一条线，然后单击右键，结束创建，如下左图所示。

Step 02 鼠标单击的位置即记录为线的节点，节点是控制线的基本元素，节点分为"角点"、"平滑"和"Bezier"三种，如下右图所示。

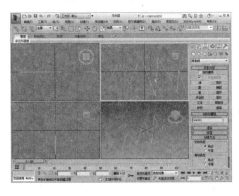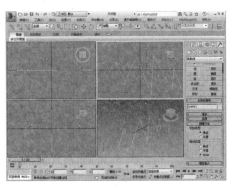

Step 03 在"修改"命令面板中，单击Line，激活Line，如下左图所示。

Step 04 在"渲染"卷展栏中，勾选"在渲染中启用"复选框和"在是视口中启用"复选框，径向"厚度"设置为12，如下右图所示，线就有了一定的厚度。

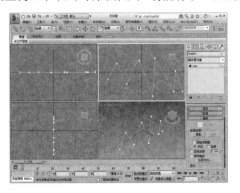

Step 05 当激活"矩形"时，则线将以矩形的形态呈现，如下左图所示。

Step 06 在"几何体"卷展栏中，由"角点"所定义的点形成的线是严格的折线，由"平滑"所定义的节点形成的线是可以圆滑相接的曲线。单击鼠标时若立即松开便形成折角，若继续拖动一段距离后再松开便形成圆滑的弯角。由Bezier（贝赛尔）所定义的节点形成的线是依照Bezier算法得出的曲线，通过移动一点的切线控制柄来调节经过该点的曲线形状，如下右图所示。

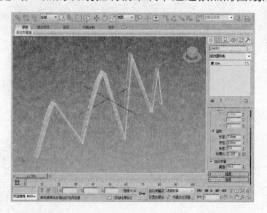 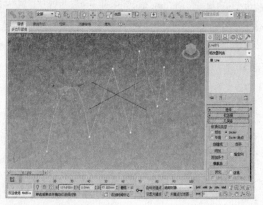

Step 07 "创建线"是在此样条线的基础上再加线，如左下图所示。

Step 08 "断开"就是将一个顶点断开成两个，如右下图所示。

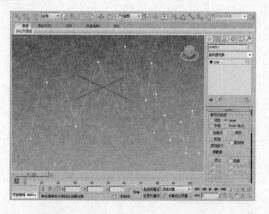 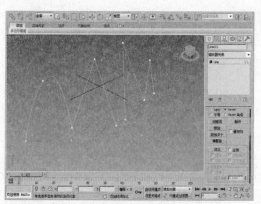

Step 09 现在创建两条互不相干的样条线，如下左图所示。

Step 10 单击"附加"按钮，单击另一条线，可以将两条线转换为一条线，如下右图所示。

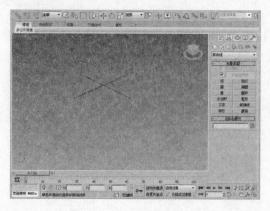 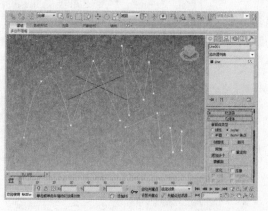

Step 11 "优化"是可以在线条上任意加点，如下左图所示。

Step 12 "焊接"是将断开的点焊接起来，现在把Step08中断开的点焊接起来。如下右图所示。"链接"和"焊接"的作用是一样的，只不过是"链接"必须是重合的两点。

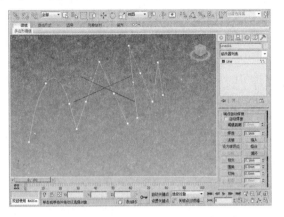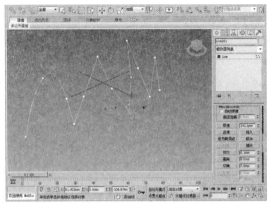

Step 13 "插入"不但可以插入点还可以插入线，如下左图所示。

Step 14 "融合"就是将两个点重合，但还是两个点，如下右图所示。

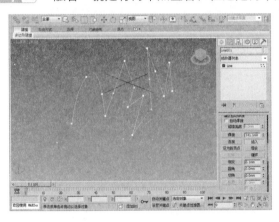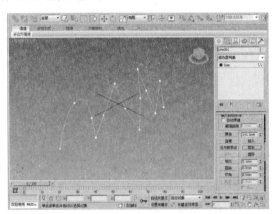

Step 15 "圆角"就是给直角一个圆滑度，如下左图所示。

Step 16 "切角"就是将直角切成一条直线，如下右图所示。

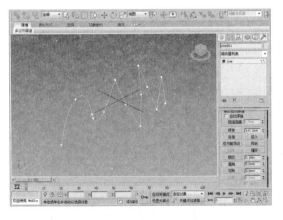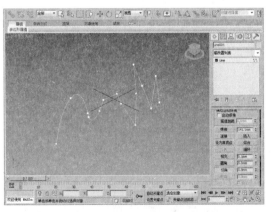

Step 17 "隐藏"就是把选中的点隐藏起来，但是还是存在的，如下左图所示。"取消隐藏"顾名思义也就是把隐藏的都显示出来。

Step 18 "删除"就是删除不需要的点，如下右图所示。

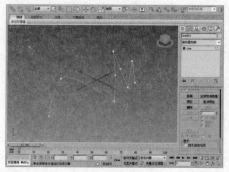

02 其他样条线的创建

掌握样条线后，其他样条线相对就简单了很多，其他样条线的具体创建步骤如下。

Step 01 矩形，常用于创建简单家居的拉伸原形。关键参数有"可渲染"、"步数"、"长度"、"宽度"和"角半径"。

Step 02 圆，常用与创建室内家居的花式，即简单形状的拉伸原型，关键参数有"步数"、"可渲染"和"半径"。

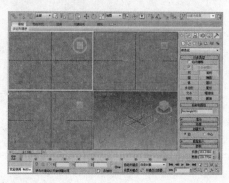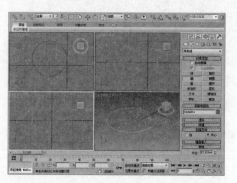

Step 03 椭圆，常用于创建以圆形为基础的变形对象，关键参数有"可渲染"、"节数"、"长度"和"宽度"。

Step 04 弧，关键参数有"端点-端点-中央"、"中央-端点-端点"、"半径"、"起始角度"、"结束角度"、"饼形切片"和"反转"。

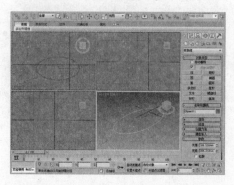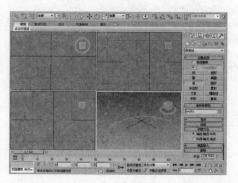

Step 05 圆环，关键参数包括＂可渲染＂、＂步数＂、＂半径1＂和＂半径2＂。

Step 06 多边形，关键参数包括＂半径＂、＂内接＂、＂外接＂、＂边数＂、＂角半径＂和＂圆形＂。

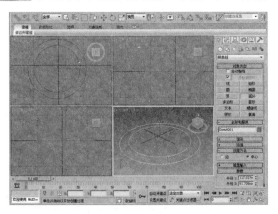 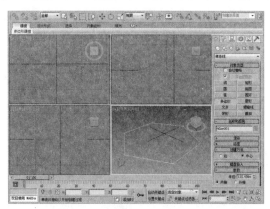

Step 07 星形，关键参数有＂半径1＂、＂半径2＂、＂点＂、＂扭曲＂、＂圆角半径1＂和＂圆角半径2＂。

Step 08 文本，关键参数有＂大小＂、＂字间距＂、＂更新＂和＂手动更新＂。

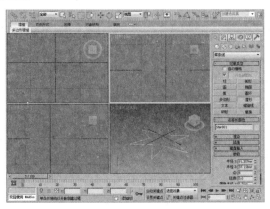 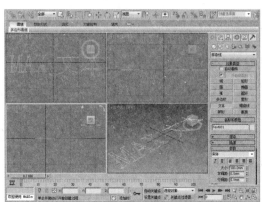

Step 09 螺旋线，关键参数有＂半径1＂、＂半径2＂、＂高度＂、＂圈数＂、＂偏移＂、＂顺时针＂和＂逆时针＂。

Step 10 截面，即从已有对象上取的剖面图形作为新的样条线。如下图所示，在所需位置创建剖切平面。关键参数有＂创建图形＂、＂移动截面时＂更新、＂选择截面时＂更新、＂手动＂更新、＂无限＂和＂截面边界＂。

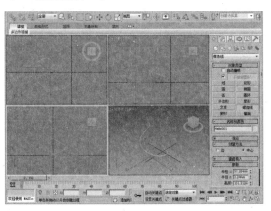 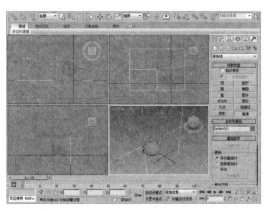

Step 11 在"截面参数"卷展栏中单击"创建图形"按钮，输入名称后单击"确定"按钮即可。

Step 12 删除作为原始对象的茶壶，剖切后产生的轮廓线随机显现出来。

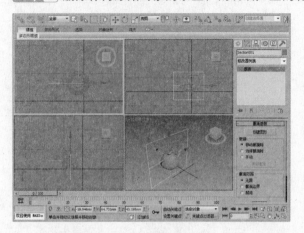 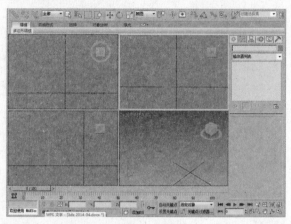

样条线的知识就讲到这里，样条线是比较重要的内容，所以用户一定要熟练掌握。

NURBS 曲线

NURBS即统一非有理B样条曲线。这是完全不同于多边形模型的计算方法，这种方法以曲线来控制三维对象表面（而不是用网格），非常适合于复杂曲面对象的创建。

NURBS曲线的位置：在命令面板中单击"创建" ∗ > "图形" ⊙ > "NURBS曲线" `NURBS 曲线` ▼。

NURBS曲线从外观上来看与样条线相当类似，而且二者可以相互转换，但他们的数学模型却是大相径庭的。NURBS曲线控制起来比样条线更加简单，所形成的几何体表面也更加光滑。NURBS具体说明如下所示。

NURBS曲线共分为两类：点曲线和CV曲线。

类型	说明
点曲线	以点来控制曲线的形状，节点位于曲线上，如下左图所示
CV曲线	以CV控制点来控制曲线的形状，CV点不在曲线上，而在曲线的切线上，如下右图所示

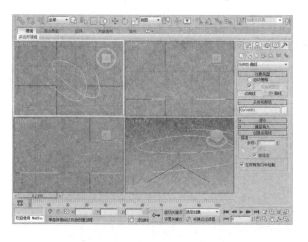 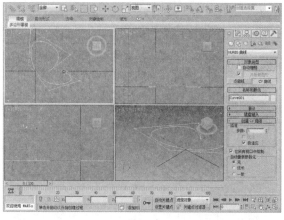

Chapter 04

Section 03 创建复合对象

所谓复合对象就是指利用两种或者两种以上一维图形或二维模型复合成一种新的、比较复杂的三维造型。

在命令面板中单击"创建" ⊕ >"几何体" ○ >"复合对象" 复合对象 ▾ ，其中包括：变形、散布、一致、连接、水滴网格、图形合并、布尔、地形、放样、网格化、超级布尔、超级切割对象，如右图所示。

下面将对一些最重要的创建命令进行介绍。

01 创建布尔

布尔是通过对两个或两个以上几何对象进行并集、差集、交集的运算，从而得到一种复合对象的方法。创建步骤如下。

Step 01 创建两个或两个以上几何对象，如下左图所示。

Step 02 选择一个对象，这个对象在布尔中称为操作对象A，比如我们选择圆锥体。

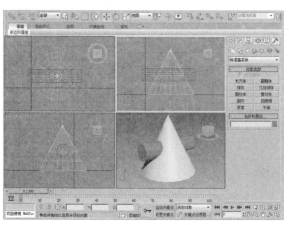 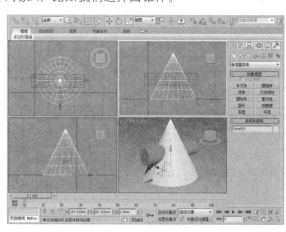

Step 03 单击"创建>几何体>复合对象>布尔"命令，如下左图所示。

Step 04 在"拾取布尔"卷展栏中，单击"拾取操作对象B"按钮，从该按钮下方选择一种拾取方式，默认为"移动"方式，在视图中单击选取另一个对象（圆柱体），这个对象即为操作对象B，如下右图所示。

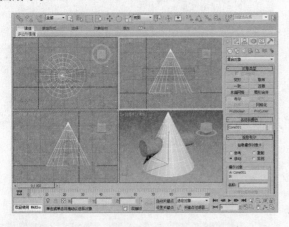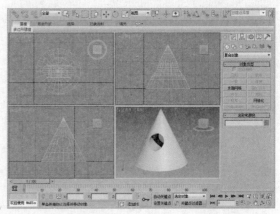

Step 05 在"参数"卷展栏中可以重新设置操作方式。当设置为"差集(B-A)"时，如下左图所示。

Step 06 当操作方式设置为"并集"时，如下右图所示。

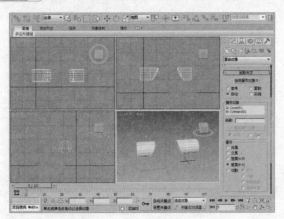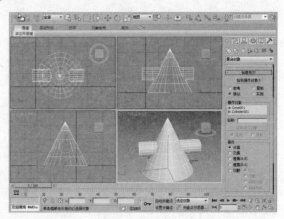

Step 07 当操作方式设置为"交集"时，如下左图所示。

Step 08 当操作方式设置为"切割(优化)"时，如下右图所示。

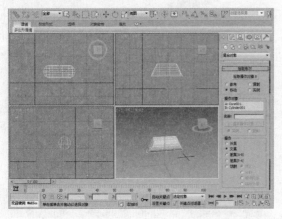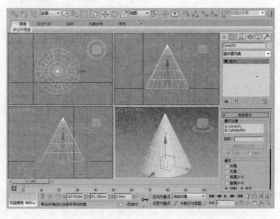

Step 09 当操作方式设置为"切割(移除内部)"时，如下左图所示。

Step 10 当操作方式设置为"切割(移除外部)"时，如下右图所示。

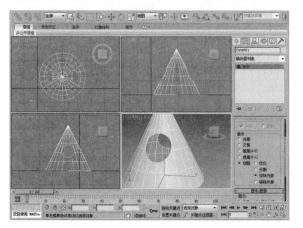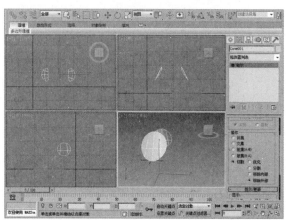

02 创建放样对象

放样是将一个二维形体对象作为沿某个路径的剖面，而形成复杂的三维对象。同一路径上可在个同的段给予不同的形体，我们可以利用放样来实现很多复杂模型的构建。接下来将为用户介绍放样的操作步骤。

在制作放样物体前，首先要创建放样物体的二维路径与截面图形。

Step 01 在"创建>图形>星形"按钮，并且在前视图中创建星状截面，如下左图所示。

Step 02 单击"样条线"按钮在顶视图中创建一条曲线，做为放样路径，如下右图所示。

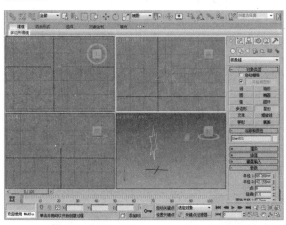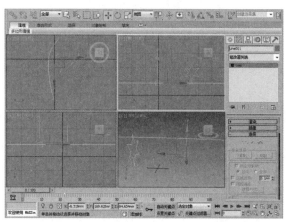

🔄 **知识链接** 关于放样操作

放样可以选择物体的截面图形后获取路径放样物体，也可通过选择路径后获取图形的方法放样物体。

Step 03 选择"样条线"，使曲线处于激活状态，并且要穿插在截面里面，如下左图所示。

Step 04 单击"创建>几何体>复合对象>放样"命令，如下右图所示。

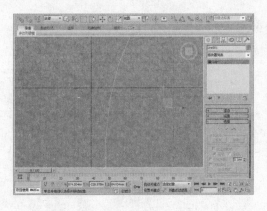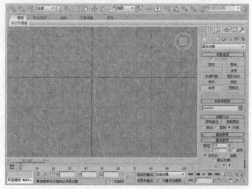

Step 05 在"创建方法"卷展栏中，单击"获取图形"按钮，从该按钮下方选择一种创建方式，默认为"实例"方式，在视图中单击选取星形截面，如下左图所示。

Step 06 在透视视图可以看到效果，如下右图所示。

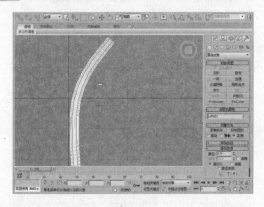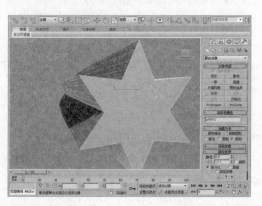

放样的知识就讲解到这里了，还有很多模型会用到放样，所以用户可以自行体验运用放样方法建模，熟悉掌握放样命令的运用。

Section 04 认识修改器

修改器在我们建模中扮演着相当重要的角色，几乎每个模型都会用到修改器中的命令，修改器中的命令也是最全最多的，最常见的修改命令用户必须熟练掌握，其他的了解就可以了，下面将对修改器做详细介绍。

01 修改器的基本知识

（1）"修改"命令面板的布局

通过上面的学习用户应该对"修改"命令面板有了一定的了解，接下来将为用户详细介绍"修改"命令面板。"修改"命令面板的图标，如下图是对"修改"命令面板的简单分析。

锁定堆栈🔒：对物体进行修改时，选择哪个物体，在堆栈中就会显示哪个物体的修改内容，当激活此项时，会把当前物体的堆栈内容固定在堆栈表内不做改变。

显示最终结果开关⊞：用于观察对象修改器的最终结果。

使独立⊽：作用于实例化存在的物体，取消其间的关系。

移出修改器🗑：删除当前修改器，消除其引起的更改。

配置修改器⊞：单击此项会弹出修改器分类列表。

模型名称 —— Star001 —— 模型颜色

修改器列表 ▾ —— 修改器下拉列表框

🔲 ProCutter

修改堆栈 ——

功能按钮

参数卷展栏 —— + 切割器拾取参数

（2）修改器堆栈的基本操作

修改器堆栈是记录建模操作的重要存储区域。用户可以使用多种方式来编辑一个对象，但是不管使用那种方式，对对象所做的每一步操作都会记录储存在堆栈中，因而可以返回以前的操作，继续修改对象。

（3）修改器堆栈的基本使用

利用修改器堆栈可以方便地查看以前的修改操作。修改器遵循向上叠加的原理，后加上去的修改器将会叠加到原有修改器的上面。

下图为一圆柱体(Cylinder)上堆栈了两个修改器，用户可以任意选择修改器堆栈中的选项，查看并修改物体参数。也可以按住鼠标左键不动，在修改器堆栈中拖移改变

调整修改器的顺序。不同的修改器堆栈顺序，对物体的影响将会有所不同。

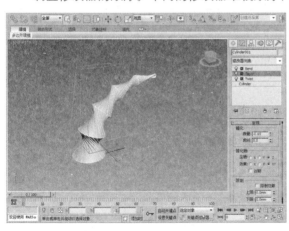

（4）塌陷修改器堆栈

3ds Max中的每一个修改器的使用都要占用一定的内存。在确定一个对象不再需要修改后，就可将修改器塌陷来释放部分内存。在堆栈栏中单击鼠标右键，选择"塌陷全部"或"塌陷到"命令即可将修改器塌陷。

02 修改器面板的建立

在为建模施加修改命令时，有时会因为修改列表中的命令太多而一时半会儿找不到想要的修改命令，那么有没有一种快捷的方式，可以将平时常用的修改命令存储起来，在需要使用的时候可以快速找到呢？在这里，3ds Max 2014提供了可以自己建立修改命令面板功能，它通过"配置修改器集"对话框来实现。通过该对话框，用户可以在一个对象的修改器堆栈内复制、剪切和粘贴修改器，或将修改器粘贴到其他对象堆栈中，还可以为修改器取一个新名字以便记住编辑的修改器。

Step 01 单击命令面板中的"修改"按钮，再单击"配置修改集"按钮，在弹出的下拉列表中选择"显示按钮"选项，如下左图所示。

Step 02 此时在"修改"命令面板中出现了一个默认的命令面板，如下右图所示。

 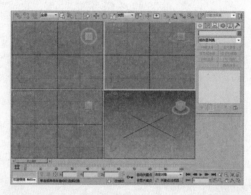

知识链接 "修改"命令面板

这个"修改"命令面板是系统默认的一些命令，其使用频率较小。下面会将常用的"修改"命令设置为一个面板，如挤出、车削、倒角、弯曲、锥化、晶格、编辑网格、FFD长方体等命令。

Step 03 单击"配置修改器集"按钮，在弹出的下拉列表中选择所需要的选项，然后将其拖动到右面的按钮上，如下左图所示。

Step 04 用同样的方法将所需要的命令拖动过去，按钮的个数也可以设置，设置完成后可以将这个命令面板保存起来，如下右图所示。

 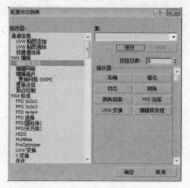

这样，"修改"命令面板就建立好了，用户操作时就可以直接单击"修改"命令面板上的相应命令。一个专业的设计师或绘图员，都是设置一个自己常用的命令面板，这样会直观、方便地找到所需要的修改命令，而不需要到"修改器"中寻找了。

03 常用修改器命令

修改面板中的命令很多，总有一些比较常用，所以在这里就为用户着重介绍一些常用的命令，如挤出、车削、倒角、倒角剖面等。

1. 挤出

在前面的学习中相信用户对挤出已经有了一定的了解，接下来我们将通过"二级天花"的创建来详细介绍"挤出"的运用。

Step 01 启动3ds Max 2014软件，将单位设置为毫米。单击"创建>线形>矩形"按钮，在顶视图中绘制一个6000×4500的矩形，如下左图所示。

Step 02 再绘制一个4500×3000的小矩形，参数设置及位置，如下右图所示。

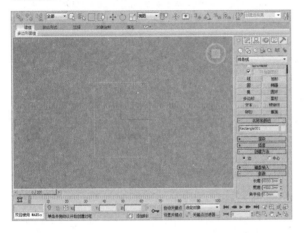 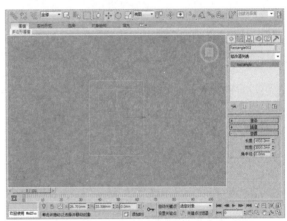

Step 03 选择其中一个矩形，单击"修改"按钮进入"修改"命令面板，执行"编辑样条线"命令，如下左图所示。

Step 04 单击"几何"卷展栏下的"附加"按钮，如下右图所示。

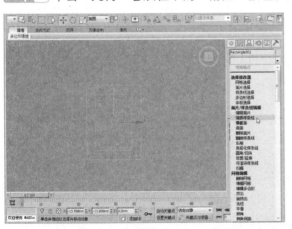 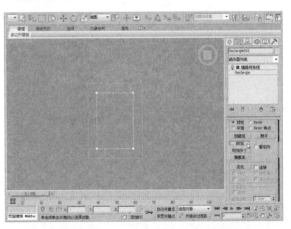

> **知识链接**　挤出操作的应用
>
> 用户可以对没有封闭的线执行挤出操作，挤出的不是一个体积而是一个面。当需要一个面的材质和体积有区别的时候，通常会从体积上分出根线，断开它，再挤出面，并单独附材质。

Step 05 在顶视图中单击另一个矩形，此时将两个矩形就附加为一体了，效果如下左图所示。

Step 06 确认附加后的矩形处于选择状态，在"修改"命令面板中执行"挤出"命令，如下右图所示。

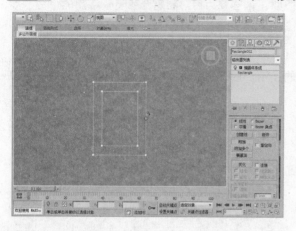 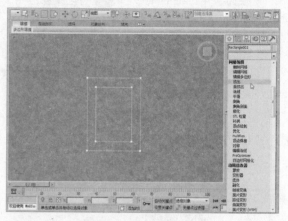

Step 07 设置挤出"数量"为80（即天花的厚度为8厘米），效果如下左图所示。

Step 08 在前视图中将天花复制一个，放在下方，在"修改"命令面板中回到"编辑样条线"级别，进入样条线子物体层级，如下右图所示。

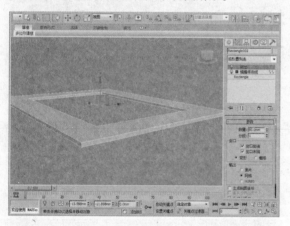 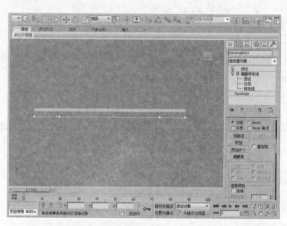

Step 09 选择里面的四条线，在"几何体"卷展栏中找到"轮廓"命令，如下左图所示。

Step 10 在轮廓右面的数值框中输入-200，然后单击"轮廓"按钮，如下右图所示。

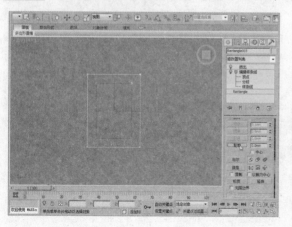 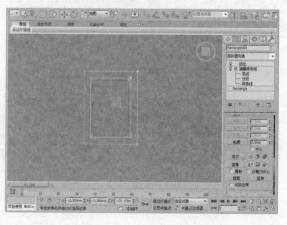

Step 11 将里面的矩形删除，如下左图所示。

Step 12 回到"挤出"级别，用"对齐"命令将两个天花对齐，在顶部创建平面作为屋顶，效果如下右图所示。

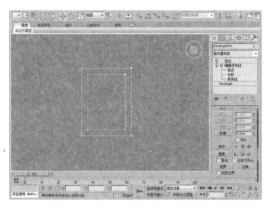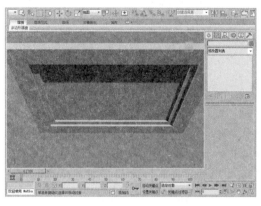

"挤出"命令的使用很普遍，也很容易掌握，所以用户可以继续尝试体验。

2. 车削

我们将通过"果盘"的创建来详细介绍"车削"命令的运用。

Step 01 单击"创建>线性>线"按钮，在前视图中用"线"命令绘制盘子的刨面线，如下左图所示。

Step 02 单击"修改"进入"修改"命令面板，进入（样条线）子物体层级，如下右图所示。

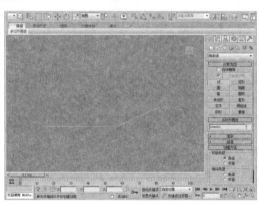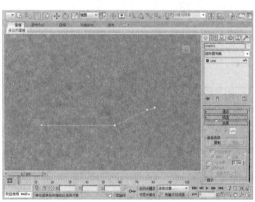

Step 03 为绘制的线添加一个"轮廓"，大小控制的比例合适就可以了，如下左图所示。

Step 04 进入"顶点"子物体层级，选择右面的两个顶点，如下右图所示。

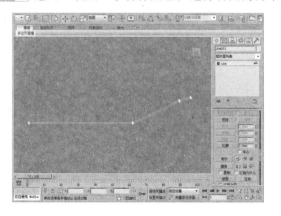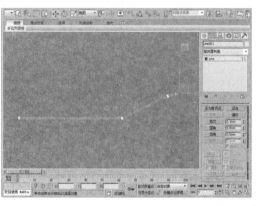

Step 05 为绘制的线添加一个"轮廓"，大小控制的比例合适就可以了，如下左图所示。

Step 06 调整完成后，在"修改"命令面板中选择"车削"命令，如下右图所示。

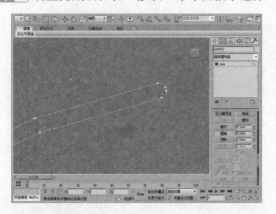 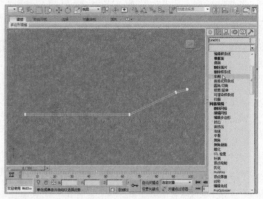

Step 07 勾选"焊接内核"复选框，为了让盘子更加圆滑一些，将"分段"设置为30，单击"对齐"选项组下的"最小"按钮，如下左图所示。

Step 08 在前视图中用"线"命令绘制出苹果的剖面线，形态如下右图所示。

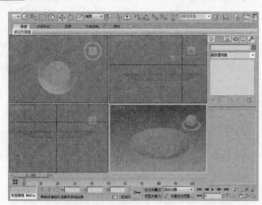 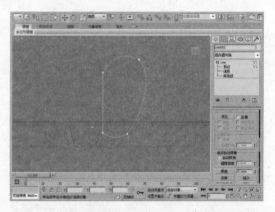

Step 09 在"修改器列表"中选择"车削"命令，单击"对齐"选项组下的"最小"按钮，效果如下左图所示。

Step 10 制作的苹果复制多个，大小与形状可以适当修改，最终效果如下右图所示。

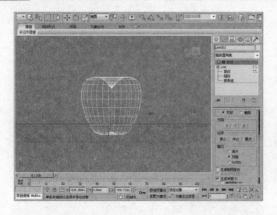 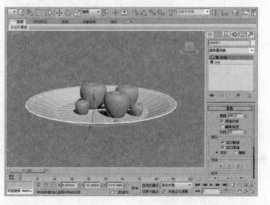

车削的知识就将讲到这里了，这是一个功能比较强大的命令，用户一定要熟练掌握。

3．倒角

接下来我们将通过"休息沙发"的创建来详细介绍"倒角"命令的运用。

Step 01 单击"创建＞图形＞文本"按钮，在参数下面的窗口中，按Shift+@键，输入@符号，选择一种字体，大小设置为1000，如下左图所示。

Step 02 在前视图中拖动出文本，效果如右图所示。

 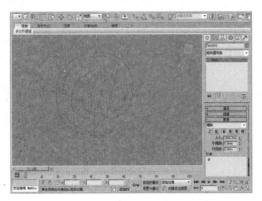

Step 03 选择文本，在"修改器列表"中选择"编辑样条线"命令，如下左图所示。

Step 04 按1（数字1）键，激活"顶点"子物体层级，找到"优化"命令，如下右图所示。

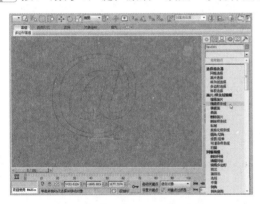 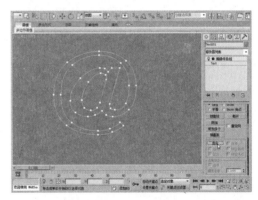

Step 05 单击"优化"按钮，加入多个顶点，然后用移动工具调整形态，最终效果如下左图所示。

Step 06 确认文本处于被选择状态，在"修改器列表"中选择"倒角"命令，并调整倒角参数如下右图所示。

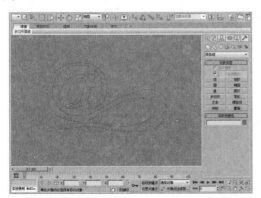 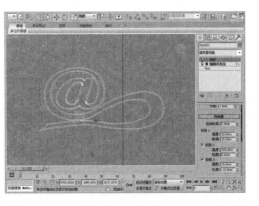

Step 07 可以观察到休闲沙发的面片数量太多了，需要对其进行适当的面片减少，在修改器列表中，回到"文本"级别，调整"步数"为2，如下左图所示。

Step 08 最终效果如下右图所示。

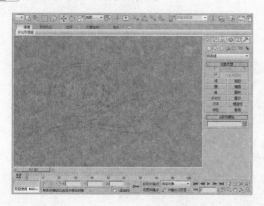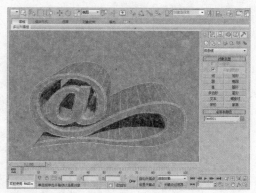

倒角在制作边框类物品时运用也很多，这里就不再详细讲解了，用户可以尝试自己建模。

4．倒角剖面

接下来我们将通过"吧台"的创建来详细介绍"倒角剖面"命令的运用，创建步骤如下。

Step 01 在顶视图中创建一个1000×1800的矩形，作为"路径"，如下左图所示。

Step 02 执行"编辑样条线"命令，按2键，进入"线段"子物体层级，将上面的线条删除，如下右图所示。

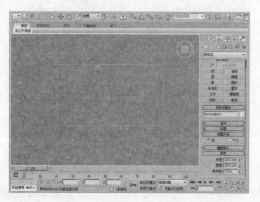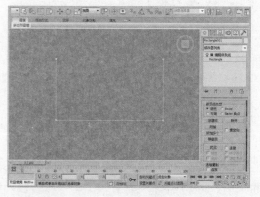

Step 03 按1（数字1）激活"顶点"子物体层级，适当调整两个顶点的形态，如下左图所示。

Step 04 在前视图中绘制一个封闭的线形，作为吧台的"剖面线"，如下右图所示。

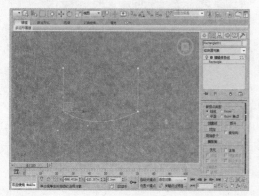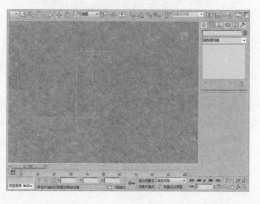

Step 05 在顶视图中选择绘制的矩形，在"修改"命令面板中选择"倒角剖面"命令，单击"拾取剖面"按钮，在前视图中单击绘制的"剖面线"，如下左图所示。

Step 06 吧台的最终效果，如下右图所示。

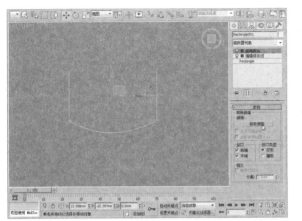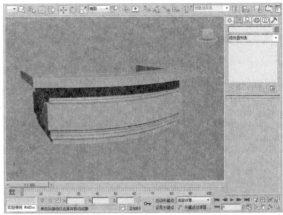

可编辑对象

可编辑对象包括"可编辑样条线"、"可编辑多边形"、"可编辑网格"，这些可编辑对象都包含于修改器之中。这些命令在建模中是必不可少的，用户必须熟练掌握，下面将对它们进行详细介绍。

01 可编辑样条线

我们前边的内容已经讲过了"样条线"、"可编辑样条线"和"样条线"的使用方法一样，"可编辑样条线"是可以将任意的线条转换为样条线，方便对其编辑。下面将带领用户复习一下前面讲到的知识，也要增加一些新的知识。

随意在顶视图中画一条线，然后单击"修改"按钮，进入"修改"命令面板，在"修改器列表"下拉列表中选择"可编辑样条线"命令即可，下面将对卷展栏中的参数进行介绍。

（1）可编辑样条线（公共参数）

● 创建线：向所选对象添加更多样条线。这些线是独立的样条线子对象。

● 断开：将一个或多个顶点断开以拆分样条线。

● 附加：将其他样条线附加到当前选定的样条线对象中成为一个整体。

● 附加多个：以列表形式将场景中其他图形附加到样条线中。

● 优化：在样条线上添加顶点。

● 横截面：将一个样条线与另一个样条线顶点连接以创建一个截面。

（2）可编辑样条线（顶点层级下）

● 自动焊接：自动焊接在与同一样条线的另一个端点的阈值距离内放置和移动的端点顶点。

- 阈值：阈值距离微调器是一个近似设置，用于控制在自动焊接顶点之前，顶点可以与另一个顶点接近的程度，默认设置为6.0。
- 焊接：将两个端点顶点或同一样条线中的两个相邻顶点转化为一个顶点。
- 连接：将样条线一个端顶点与另一个端顶点连接。
- 插入：插入一个或多个顶点，以创建其他线段。
- 设为首顶点：指定所选形状中的哪个顶点是第一个顶点。
- 熔合：将所有选定顶点移至它们的平均中心位置。
- "熔合"不会联接顶点；它只是将它们移至同一位置。
- 相交：在样条线相交处插入顶点。
- 圆角：允许您在线段会合的地方设置圆角，添加新的控制点。
- 切角：允许您使用"切角"功能设置形状角部的倒角。
- 隐藏：隐藏所选顶点和任何相连的线段。
- 全部取消隐藏：显示任何隐藏的子对象。
- 删除：删除所选的一个或多个顶点以及与每个要删除的顶点相连的那条线段。

(3) 可编辑样条线（线段层级下）
- 删除：删除当前形状中任何选定的线段。
- 拆分：将线段以顶点数来拆分。
- 分离：将线段分离。

知识链接　关于分离的深入介绍

同一图形：表示使分离的线段保留为形状的一部分（而不是生成一个新形状）。
重定向：表示将分离出的线段复制并重新定位，并使其与当前活动栅格的原点对齐。
复制：表示复制分离线段，而不是移动它。

(4) 可编辑样条线（样条线层级下）
- 反转：反转所选样条线的方向。如果样条线是开口的，第一个顶点将切换为该样条线的另一端。
- 轮廓：将样条线偏移以生成轮廓，如果样条线是单根时生成的轮廓是闭合的。
- 布尔：将一个样条线与第二个样条线进行布尔操作，将两个闭合多边形组合在一起。

知识链接　关于布尔的深入介绍

并集：表示将两个重叠样条线组合成一个样条线，重叠的部分被删除。
差集：表示从第一个样条线中减去与第二个样条线重叠的部分，并删除第二个样条线中剩余的部分。
相交：表示取两个样条线的重叠部分。

- 镜像：沿长、宽或对角方向镜像样条线。

知识链接　关于镜像的深入介绍

复制：表示选择后，在镜像样条线时复制（而不是移动）样条线。
以轴为中心：表示以样条线的轴点为中心镜像样条线。禁用后，以它的几何体中心为中心镜像样条线。

- 修剪：将样条线相交重叠部分修剪，使端点接合在一个点上。
- 延伸：将开口的样条线末端延伸到达另一条相交的样条线上，如果没有相交样条线，则不进行任何处理。
- 关闭：将所选样条线的端点顶点与新线段相连，来闭合该样条线。
- 炸开：将每个线段转化为一个独立的样条线或对象。这与样条线的线段使用"分离"的效果相同，但更节约时间。

02　可编辑多边形

　　可编辑多边形是后来发展起来的一种多边形建模技术，多边形物体也是一种网格物体，面板中的参数和"编辑网格"参数接近，但很多地方超过了"编辑网格"，使用可编辑多边形建模更方便。

　　多边形建模是由点构成边，由边构成多边形，通过多边形组合就可以制作成用户所要求的造型。如果模型中所有的面都至少与其他3个面共享一条边，该模型就是闭合的。如果模型中包含不与其他面共享边的面，该模型是开放的。下面是对可编辑多边形知识的介绍。

1. 将对象转换为多边形对象的方法
- 右击物体或右击修改堆栈，选择"转换为可编辑多边形"命令。
- 添加"编辑多边形"修改器。

2. 子物体
- 顶点：最小的子物体单元，它的变动将直接影响与之相连的网格线，进而影响整个物体的表面形态。
- 边：三维物体中关键位置上的边是很重要的子物体元素。
- 边界：是一些比较特殊的边，是指独立非闭合曲面的边缘或删除多边形产生的孔洞边缘；边框总是由仅在一侧带有面的边组成，并总是为完整循环。
- 多边形：是由三条或多条首尾相连的边构成的最小单位的曲面。在"可编辑多边形"中多边形物体可以是三角、四边网格，也可是更多边的网格，这一点与"可编辑网格"不同。
- 元素：可编辑多边形中每个独立的曲面。

> **知识链接**　关于边界的介绍
>
> 　　通过编辑边界命令可在开放表面的缺口处进行编辑造型，但是不能单击边框中的边，因为单击边框中的一个边会选择整个边框；也可以在"编辑多边形"中，通过应用补洞修改器将边框封口；还可用连接复合对象命令连接对象之间的边界。

3. 常用参数介绍
（1）编辑多边形模式栏
- 模型：使用"编辑多边形"功能建模。在"模型"模式下，不能设置操作的动画。
- 动画：使用"编辑多边形"功能设置动画。
（2）选择栏：设置可编辑多边形子对象的选择方式
- 使用堆栈选择：启用时，自动使用在堆栈中向上传递的任何现有子对象选择，并禁止手动更改选择。

- 按角度：启用时，如果选择一个多边形，会基于复选框右侧的角度设置选择相邻多边形。此值确定将选择的相邻多边形之间的最大角度，仅在"多边形"子对象层级可用。
- 收缩：取消选择最外部的子对象，对当前子物体的选择集进行收缩以减小选择区域。
- 扩大：对当前子物体的选择集向外围扩展以增大选择区域（对于此功能，边框被认为是边选择）。
- 环形：选择与选定边平行的所有边（仅适用边和边框）。
- 循环：选择与选定边方向一致且相连的所有边（仅适用边和边框，并只通过四个方向的交点传播）。

（3）编辑顶点栏：子对象为"顶点"时，出现"编辑顶点"卷展栏，可对选中的顶点进行编辑
- 移除：将所选择的节点去除（快捷键BACKSPACE）。

> **知识链接**　"移除"与Delete的区别
>
> 　　"移除"与Delete不同：Delete是删除所选点的同时删除点所在的面；移除不会删除点所在的面，但可能会对物体的外形产生影响（可能导致网格形状变化并生成非平面的多边形）。

- 断开：在选择点的位置创建更多的顶点，每个多边形在选择点的位置有独立的顶点。
- 挤出：对选择的点进行挤出操作，移动鼠标时创建出新的多边形表面。
- 切角：将选取的顶点切角。
- 焊接：对"焊接"对话框中指定的范围之内连续、选中的顶点进行合并。所有边都会与产生的单个顶点连接。
- 目标焊接：选择一个顶点，将它焊接到目标顶点。
- 连接：在选中的顶点之间创建新的边。
- 移除孤立顶点：将所有孤立点去除。
- 移除未使用的贴图顶点：将不能用于贴图的顶点去除。
- 重复上一个：重复最近使用的命令。
- 创建：可将顶点添加到单个选定的多边形对象上。
- 塌陷：将选定的连续顶点组进行塌陷，将它们焊接为选择中心的单个顶点。

（4）编辑边栏：子对象为"边"时，出现"编辑边"卷展栏
- 分割：沿选择的边将网格分离。
- 插入顶点：在可见边上插入点将边进行细分。
- 创建图形：根据选择一条或多条边创建新的曲线。
- 编辑三角剖分：四边形内部边重新划分。
- 连接：在每对选定边之间创建新边。只能连接同一多边形上的边。不会让新的边交叉（如选择四边形四个边，连接，则只连接相邻边，生成菱形图案）。
- 旋转：通过单击对角线修改多边形细分为三角形的方式，在指定时间，每条对角线只有两个可用的位置。连续单击某条对角线两次时，可恢复到原始的位置处。通过更改临近对角线的位置，会为对角线提供另一个不同位置。
- 切割和切片：使用这些类似小刀的工具，可以沿着平面（切片）或在特定区域（切割）内细分多边形网格。
- 网格平滑：与"网格平滑"修改器中的划分功能相似。
- 隐藏选定对象、全部取消隐藏、隐藏未选定对象。

（5）编辑边界栏：子对象为"边界"时，出现"编辑边界"卷展栏

● 封口：使用单个多边形封住整个边界环。

● 桥：使用多边形的"桥"连接对象的两个边界。

（6）编辑多边形栏：子对象为"多边形"时，出现"编辑多边形"卷展栏

● 挤出：适用于点、边、边框、多边形等子物体直接在视口中操作时，可以执行手动挤出操作；单击"挤出"后的按钮，精确设置挤出选定多个多边形时，如果拖动任何一个多边形，将会均匀地挤出所有的选定多边形。

● 轮廓：用于增加或减小选定多边形的外边。执行"挤出"或"倒角"命令，可用"轮廓"命令调整挤出面的大小。

● 倒角：对选择的多边形进行挤压或轮廓处理。

● 翻转：反转多边形的法线方向。

（7）编辑几何体栏：提供了许多编辑可编辑多边形的工具

（8）多边形属性栏：设置选中多边形或元素使用的材质ID和平滑组号

（9）细分曲面栏：设置可编辑多边形使用的平滑方式和平滑效果

（10）软选择栏：控制当前子对象对周围了对象的影响程度

（11）绘制变形栏：对象层级可影响选定对象中的所有顶点，子对象层级，仅影响选定顶点

03　可编辑网格

"可编辑网格"与"可编辑多边形"有些相似，但是它具有好多"可编辑多边形"不具有的命令与功能。

创建了几何模型后，如果需要对几何物体进行细节的修改和调整处理，就必须对几何物体进行编辑，才能生成所需要的复杂形体。几何物体模型的结构是由点、线和面三要素构成的，点确定线，线组成面，面构成物体。要对物体进行编辑，必须将几何物体转换为由可编辑的点、线、面组成的网格物体。通常将可编辑的点、线、面称为网格物体的次对象。

1．认识可编辑网格

一个网格模型由点、线、面、元素等组成。"编辑网格"包括许多工具，可对物体的各组成部分进行修改。

四种功能：转换（将其他类型的物体转换为网格体）、编辑（编辑物体的各元素）、表面编辑（设置材质ID、平滑群组）、选择集（将"编辑网格"工具设在选择集上、将次选择集传送到上层进行修改）。

2．将模型转换为可编辑网格的方法

方法1：将对象转换为可编辑网格：右击物体，选择"转换为可编辑网格体"命令，失去建立历史和修改堆栈，面板同"编辑网格"面板。

方法2：使用编辑网格编辑修改器：在修改列表中选择"编辑网格"命令，可进行各种次物体修改，不会失去底层修改历史。

"编辑网格"命令与"可编辑网格"对象的所有功能相匹配，只是不能在"编辑网格"设置子对象动画；为物体添加"编辑网格"修改器后，物体创建时的参数仍然保留，可在修改器中修改它的参数；而将其塌陷成可编辑网格后，对象的修改器堆栈将被塌陷，即在此之前对象的创建参数和使用的其他修改器将不再存在，直接转变为最后的操作结果。

3. 修改模式

（1）顶点：物体最基本的层级，移动时会影响它所在的面。

（2）边：连接两个节点的可见或不可见的一条线，是面的基本层级，两个面可共享一条边。

（3）面：由3条边构成的三角形面。

（4）多边形：由4条边构成的面。

（5）元素：网格物体中以组为单位的连续的面构成元素。是一个物体内部的一组面，它的分割依据来源于是否有点或边相连。独立的一组面，即可作为元素。

知识链接 子物体层级的选择

方法1：添加"可编辑网格"修改器，在修改器堆栈中，单击"编辑网格"前面的+符号，选取相应的子物体名称，子物体将以黄色高亮显示。

方法2：添加"可编辑网格"修改器后，在"选择"卷展栏中单击相应的按钮进入相应的子物体的选择方式。

方法3：添加"网格选择"修改器或"体积选择"修改器。

设计师训练营 创建餐桌餐椅模型

通过对本章内容的学习，用户对建模不再那么陌生与迷茫了，下面将综合高级建模所学的知识建一套"餐座餐椅"。

Step 01 单击"创建>几何体>长方体"按钮，在前视图中创建一个500×400×100的长方体，分段分别为2、2、1，作为椅子的靠背，如下左图所示。

Step 02 确认长方体处于选中状态，在视图中单击鼠标右键，在弹出的快捷菜单中选择"转换为>转换为可编辑多边形"命令，将长方体转化为可编辑多边形，如下右图所示。

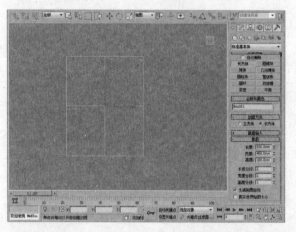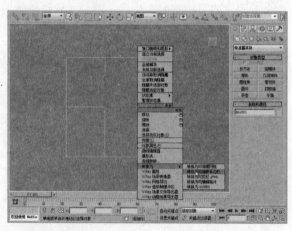

Step 03 按4键，进入"多边形"子物体层级，在透视视图中选择侧面的两个面，如下左图所示。

Step 04 接着单击"挤出"右面的按钮，弹出数值框，设置"挤出高度"为50，使选择的面挤出，如下右图所示。

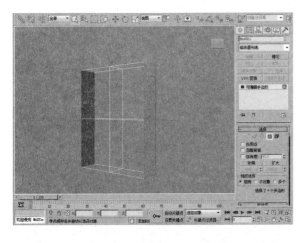 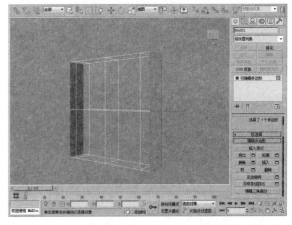

Step 05 使用同样的方法将椅子的靠背上下面挤出，如下左图所示。

Step 06 为了使椅子的靠背的下方增加分段数，要挤出两次，第二次挤出的数值要大一些，约为80~100即可，它是决定椅子底座厚度的数值，如下右图所示。

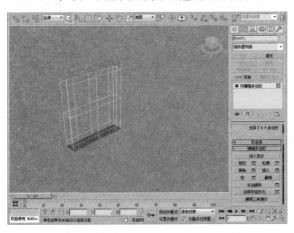 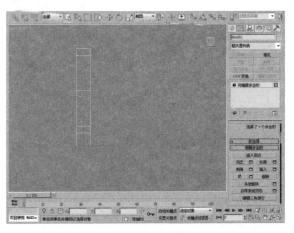

Step 07 在透视视图中选择底下侧面的面进行挤出，第一次数值为50，第二次数值为500，第三次数值为50，如下左图所示。椅子靠背及坐垫基本上就完成了，下面将对它进行适当的圆滑处理。

Step 08 在"修改"命令面板中勾选"细分曲面"卷展栏下的"使用NURMS细分"复选框，修改"迭代次数"值为1，如下右图所示。

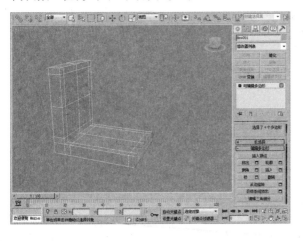 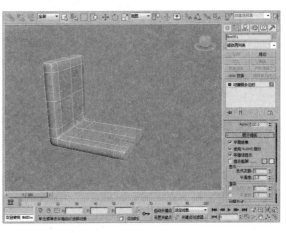

Step 09 按1键，进入"顶点"子物体层级，在前视图中选择椅子靠背中间的顶点，用移动和缩放工具适当调整椅子的形态，如下左图所示。

Step 10 在"修改"命令面板中激活"多边形"子物体层级，在左视图中选择椅子座下面的面，按Delete键，删除底面的面，如下右图所示。

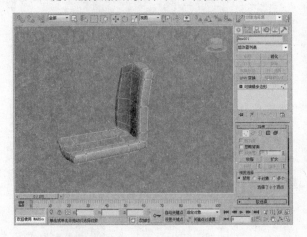
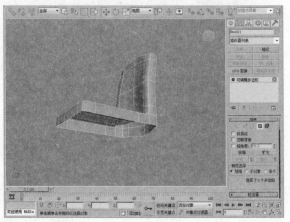

下面将继续来制作椅子腿的造型。

Step 11 在顶视图中创建一个50×50×50的长方体，分段数分别设置为1，将长方体转化为可编辑多边形，如下左图所示。

Step 12 按4键，进入"多边形"子物体层级，在透视视图中选择下面的面，如下右图所示。

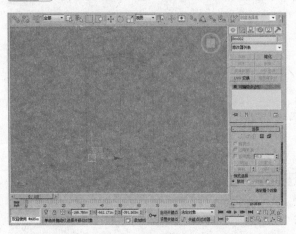
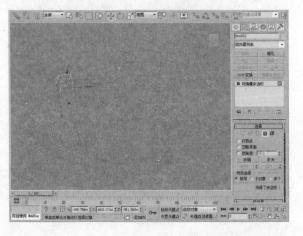

Step 13 单击"倒角"右面的按钮，打开数值框，设置"高度"为50、"轮廓数量"为-1，连续单击＋按钮10次，并调整好位置，如下左图所示。

Step 14 在修改器列表中选择"弯曲"命令，设置"角度"为12、"方向"为150，如下右图所示。

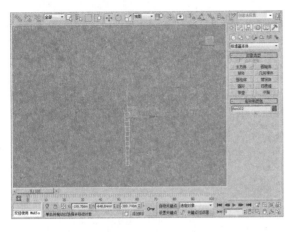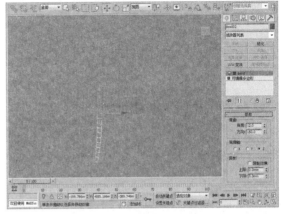

Step 15 用工具栏中的 "镜像" 命令将其他3条腿制作出来，效果如下左图所示。餐椅的造型已经制作出来了，下面将制作餐桌的造型。

Step 16 在顶视图中创建一个800×1600×40的长方体，段数分别设置为3、3、1，作为餐桌，如下右图所示。

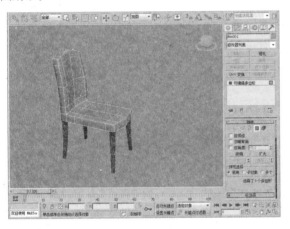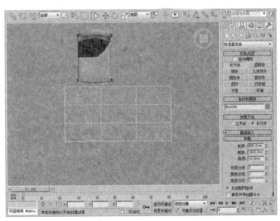

Step 17 将长方体转变为可编辑的多边形，按1键，进入 "顶点" 子物体层级，在顶视图中调整顶点的位置，如下左图所示。

Step 18 进入 "多边形" 子物体层级，在透视视图中选择下面四个角的面，执行 "挤出" 命令，"数量" 设置为660，如下右图所示。

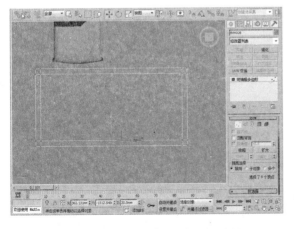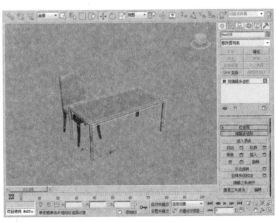

Step 19 餐桌上的布用线绘制出截面，如下左图所示。

Step 20 执行"挤出"命令，"数量"设置为300，如下右图所示。

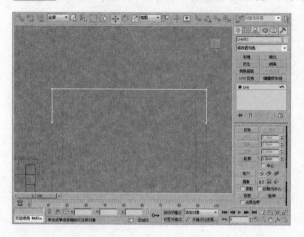 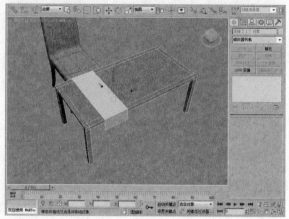

Step 21 将餐椅部分组成一个组，用"复制"和"镜像"命令制作出另外5把餐椅，效果如下左图所示。

Step 22 餐桌餐椅的最终效果如下右图所示。

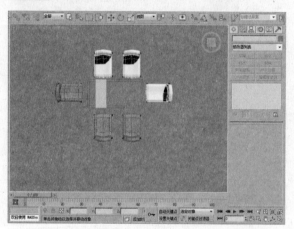 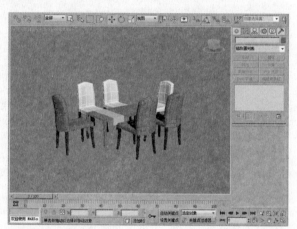

　　本例就讲到这里，通过制作餐桌餐椅造型，用户熟悉了将创建的长方体转化为"可编辑多边形"的操作以及结合一些其他命令制作出餐桌餐椅的造型。用户可以在此基础上再多联系建模，以便更好地掌握建模的知识。

1. 选择题

（1）在 3ds Max 中，工作的第一步就是要创建（　　）。

　　A. 类　　　　　　　　　　　　　　　　B. 面板

　　C. 对象　　　　　　　　　　　　　　　D. 事件

（2）3ds Max 的工作界面的主要特点是在界面上以（　　）的形式表示各个常用功能。

　　A. 图形　　　　　　　　　　　　　　　B. 按钮

　　C. 图形按钮　　　　　　　　　　　　　D. 以上说法都不确切

（3）在 3ds Max 中，（　　）是用来切换各个模块的区域。

　　A. 视图　　　　　　　　　　　　　　　B. 工具栏

　　C. 命令面板　　　　　　　　　　　　　D. 标题栏

（4）（　　）是对视图进行显示操作的按钮区域。

　　A. 视图　　　　　　　　　　　　　　　B. 工具栏

　　C. 视图导航　　　　　　　　　　　　　D. 命令面板

（5）（　　）是用于在数量非常多的对象类型场景中选取需要的对象类型，排除不必要的麻烦。

　　A. 选取操作　　　　　　　　　　　　　B. 选取范围控制

　　C. 选择过滤器　　　　　　　　　　　　D. 移动对象

2. 填空题

（1）Splines 样条线共有_____种类型。

（2）面片的类型有_____和_____。

（3）编辑修改器产生的结果与_____相关。

（4）噪波的作用是_____。

（5）编辑样条曲线的过程中，只有进入了_____次物体级别，才可能使用轮廓线命令。若要将生成的轮廓线与原曲线拆分为两个二维图形，应使用_____命令。

3. 操作题

用户课后可以综合运用多种建模方法创建床模型，参考图如下。

Chapter

05

摄影机技术

　　本章将为用户讲解摄影机技术，摄影机是3D建模的重要组成部分，也是用户必须熟悉、掌握的基本知识。

重点难点

- 3ds Max 2014 标准摄像机
- Vary摄影机的基本知识
- 标准摄影机的应用
- Vary摄影机的应用

Section 01

3ds Max 摄影机

摄影机可以从特定的观察点来表现场景，模拟真实世界中的静止图像、运动图像或视频，并能够制作某些特殊的效果，如景深和运动模糊等。本节将主要介绍摄影机的相关基本知识与实际应用操作等。

01 摄影机的基本知识

真实世界中的摄影机是使用镜头将环境反射的灯光聚焦到具有灯光敏感性曲面的焦点平面，3ds Max 2014 中摄影机相关的参数主要包括焦距和视野。

（1）焦距

焦距是指镜头和灯光敏感性曲面的焦点平面间的距离。焦距影响成像对象在图片上的清晰度。焦距越小，图片中包含的场景越多。焦距越大，图片中包含的场景越少，但会显示远距离成像对象的更多细节。

（2）视野

视野控制摄影机可见场景的数量，以水平线度数进行测量。视野与镜头的焦距直接相关，例如35mm的镜头显示水平线约为54°，焦距越大则视野越窄，焦距越小则视野越宽。

02 摄影机的类型

3ds Max 2014共提供了两种摄影机类型，包括目标摄影机和自由摄影机，如右图所示，前者适用于表现静帧或单一镜头的动画，后者适用于表现摄影机路径动画。

（1）目标摄影机

目标摄影机沿着放置的目标图标 "查看"区域，使用该摄影机更容易定向。为目标摄影机及其目标制作动画，可以创建有趣的效果。

（2）自由摄影机

自由摄影机在摄影机指向的方向"查看"区域，与目标摄影机不同，自由摄影机由单个图标表示，可以更轻松地设置摄影机动画。

03 摄影机的操作

在3ds Max 2014中，可以通过多种方法快速创建摄影机，并能够使用移动和旋转工具对摄影机进行移动和定向操作，同时应用预置的各种镜头参数来控制摄影机的观察范围和效果。

1. 摄影机的创建与变换

对摄影机进行移动操作时，通常针对目标摄影机，可以对摄影机与摄影机目标点分别进行移动操作。由于目标摄影机被约束指向其目标，无法沿着其自身的 X 和 Y 轴进行旋转，所以旋转操作主要针对自由摄影机。

2. 摄影机常用参数

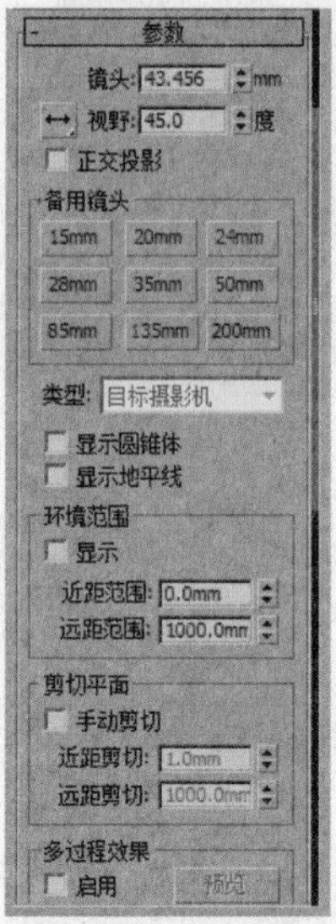

摄影机的常用参数主要包括镜头的选择、视野的设置、大气范围和裁剪范围的控制等多个参数，如右图所示为摄影机对象与相应的"参数"卷展栏。

"参数"卷展栏中各个参数的含义如下。

- 镜头：以毫米为单位设置摄影机的焦距。
- 视野：用于决定摄影机查看区域的宽度，可以通过水平、垂直或对角线这3种方式测量应用。
- 备用镜头：该选项组用于选择各种常用预置镜头。
- 环境范围：该选项组用于设置大气效果的近距范围和远距范围限制参数。
- 剪切平面：该选项组用于设置摄影机的观察范围。

04 景深

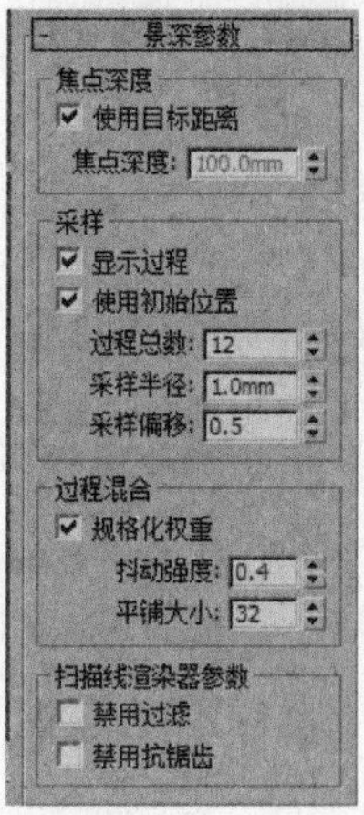

景深是多重过滤效果，通过模糊到摄影机焦点某距离处的帧的区域，使图像焦点之外的区域产生模糊效果。

景深的启用和控制，主要在摄影机"参数"卷展栏的"多过程效果"选项组和"景深参数"卷展栏中进行设置，如右图所示，各个参数的含义如下。

- 目标距离：用于设置摄影机和其目标之间的距离。
- 过程总数：用于设置生成效果的过程数，增加此值可以增加效果的精确性，但渲染时间也随之增加。
- 采样半径：用于控制移动场景生成模糊的半径，该参数值越大，模糊效果越明显，默认值为1.0。
- 采样偏移：用于设置模糊靠近或远离采样半径的权重。增加该值将增加景深模糊的数量级，表现更均匀的效果。减小该值将减小景深模糊的数量级，表现更随机的效果，"采样偏移"值的范围是0.0～1.0。

05 运动模糊

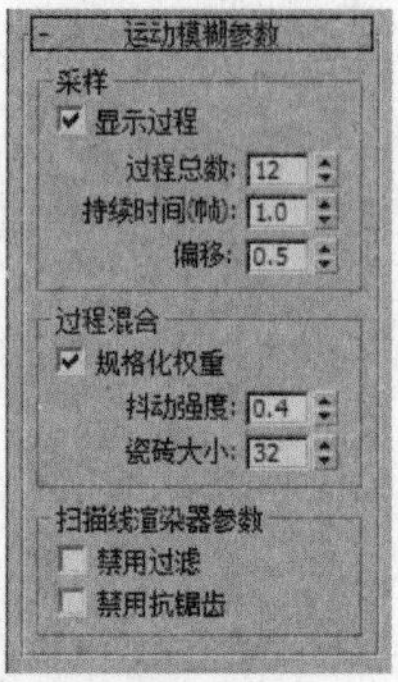

运动模糊可以通过模拟实际摄影机的工作方式，增强渲染动画的真实感。摄影机有快门速度，如果在打开快门时物体出现明显的移动情况，胶片上的图像将变模糊。

在摄影机的"参数"卷展栏中选择"运动模糊"选项时，会打开相应的参数卷展栏，用于控制运动模糊效果，如右图所示，各个选项的含义如下。

- 过程总数：用于生成效果的过程数。增加此值可以增加效果的精确性，但渲染时间会更长。
- 持续时间：用于设置在动画中将应用运动模糊效果的帧数。
- 偏移：更改模糊，以便其显示出在当前帧的前后帧中更多的内容。
- 抖动强度：用于控制应用于渲染通道的抖动程度，增加此值会增加抖动量，并且生成颗粒状效果，尤其在对象的边缘上。
- 瓷砖大小：用于设置抖动时图案的大小，此参数是百分比值，0是最小的平铺，100是最大的平铺，默认设置为32。

VRay 摄影机

VRay摄影机是安装了VR渲染器后新增加的一种摄影机。本节将对其相关知识进行详细介绍。

VRay渲染器提供了VRay穹顶摄影机和VRay物理摄影机两种摄影机，VRay摄影机创建命令面板如右图所示。

01 VRay穹顶摄影机

VR 穹顶摄影机通常被用于渲染半球圆顶效果，它的参数设置卷展栏如右图所示。

- 翻转X： 使渲染的图像在X 轴上进行翻转。
- 翻转Y： 使渲染的图像在Y 轴上进行翻转。
- fov： 设置视角的大小。

02 VRay物理摄影机

VRay物理摄影机和3ds Max本身带的摄影机相比，它能模拟真实成像，更轻松地调节透视关系。单靠摄影机就能控制曝光，另外还有许多非常不错的其他特殊功能和效果。普通摄影机不带任何属性，如白平衡、曝光值等。VRay物理摄影机就具有这些功能，简单地讲，如果发现灯光不够亮，直接修改VRay摄影机的部分参数就能提高画面质量，而不用重新修改灯光的亮度。VRay物理摄影机的"基本参数"卷展栏图右图所示。

- 类型： VRay 物理摄影机内置了3 种类型的摄影机，用户可以在这里进行选择。
- 目标： 勾选此选项，摄影机的目标点将放在焦平面上。
- 胶片规格： 控制摄影机看到的范围，数值越大，看到的范围也就越大。
- 焦距： 控制摄影机的焦距。
- 缩放因数： 控制摄影机视口的缩放。
- 光圈： 用于设置摄影机光圈的大小。数值越小，渲染图片亮度越高。
- 目标距离： 摄影机到目标点的距离，默认情况下不启用此选项。
- 焦点距离： 控制焦距的大小。
- 渐晕： 模拟真实摄影机的渐晕效果。
- 白平衡： 控制渲染图片的色偏。
- 自定义平衡： 自定义图像颜色色偏。
- 快门速度： 控制进光时间，数值越小，进光时间越长，渲染图片越亮。
- 快门角度： 只有选择电影摄影机类型此项才激活，用于控制图片的明暗。
- 快门偏移： 只有选择电影摄影机类型此项才激活，用于控制快门角度的偏移。
- 延迟： 只有选择视频摄影机类型此项才激活，用于控制图片的明暗。
- 胶片速度： 控制渲染图片的亮暗。数值越大，表示感光系数越大，图片也就越暗。

渲染卧室场景

通过对上述知识的学习与了解，接下来用户将通过的下面的实例充分了解摄影机的创建与设置。

Step 01 打开已经创建好的卧室场景，此时场景已将光源和材质设置完成，如下左图所示。

Step 02 单击3dx Max自带的目标摄像机，在场景中创建一个镜头为24mm的目标摄影并设置参数，如下右图所示。

 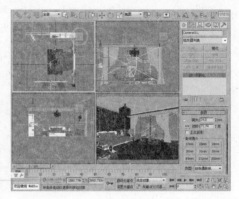

Step 03 渲染目标摄影机视口，得到如下左图所示的效果。

Step 04 单击VRay摄影机创建命令面板，在顶视图中创建一盏VRay物理摄影机，如下右图所示。

 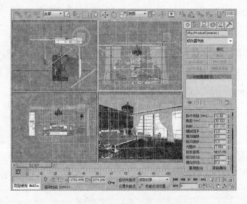

Step 05 在视图中选择摄影机头，在视图下方设置X、Y、Z数值，如下左图所示。

Step 06 在视图中选择摄影机的目标点，在视图下方设置X、Y、Z数值，如下右图所示。

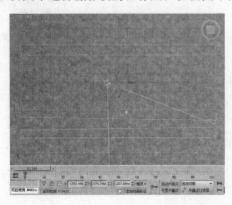 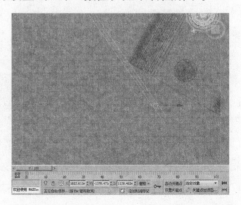

Step 07 选择VRay物理摄影机，单击"修改"按钮，进入"修改"命令面板，场景漆黑，如下左图所示。

Step 08 在"基本参数"卷展栏中将"快门速度"设置为70，如下右图所示，渲染VRay物理摄影机视口，渲染的图片亮度得到提高，但是整体仍然偏暗。

Step 09 在"基本参数"卷展栏中将"光圈数"设置为6，如下左图所示，渲染VRay物理摄影机视口，渲染的图片亮度得到再次提高，如下左图所示。

Step 10 在"基本参数"卷展栏中将"胶片速度"设置为200，渲染VRay物理摄影机视口，渲染的图片亮度增强，如下右图所示。

Step 11 在"基本参数"卷展栏中将胶片规格为45时摄影机观察范围得到扩展，如下左图所示。

Step 12 再综合进行调整，渲染VRay物理摄影机视口，渲染最终图片如下右图所示。

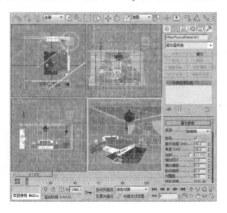 

1. 选择题

（1）3ds Max 2014 提供了的摄影机类型包括（　　）。

　　A. 动画摄影机　　　　B. 目标摄影机　　　　　　C. 自动摄影机　　　　　　　D. 漫游摄影机

（2）（　　）是控制渲染图片亮暗。数值越大，表示感光系数越大，图片也就越暗。

　　A. 胶片规格　　　　　B. 焦距　　　　　　　　　C. 快门速度　　　　　　　　D. 胶片速度

（3）当自己精心设计的对象在放入场景后，发现造型失真或物体间的边界格格不入，其原因可能
　　是（　　）。

　　A. 三维造型错误

　　B. 忽视了灯光环境与摄影机

　　C. 材质不是很好

　　D. 以上管理都不正确

（4）在 3ds Max 2014 中，工作的第一步就是要创建（　　）。

　　A. 类　　　　　　　　B. 面板　　　　　　　　　C. 对象　　　　　　　　　　D. 事件

（5）在以下快捷键，选出不正确的（　　）。

　　A. 移动工具 W　　　　　　　　　　　　　　B. 材质编辑器 M

　　C. 相机视图 C　　　　　　　　　　　　　　D. 角度捕捉 S

2. 填空题

（1）在 3ds Max 中，＿＿＿＿＿＿是对象变换的一种方式，它像一个快速的照相机，将运动的物体拍
　　摄下来。

（2）在摄影机参数中可用控制镜头尺寸大小的是＿＿＿＿＿＿。

（3）默认情况下，摄影机移动时以＿＿＿＿＿＿为基准？

（4）摄影机支持＿＿＿＿＿＿、＿＿＿＿＿＿、＿＿＿＿＿＿和＿＿＿＿＿＿的效果？

3. 上机题

用户课后可以创建一个场景练习摄影机的使用方法，将它分别运用3ds Max目标摄影机和VRay
物理摄影机，场景参考图如下。

Chapter

06

材质与贴图技术

材质是描述对象如何反射或透射灯光的属性，在材质中，贴图可以模拟纹理、应用设计、反射、折射和其他效果。本章将对材质编辑器、材质的类型、贴图的知识进行深入介绍，以使读者掌握其设置方法。

重点难点
- 材质编辑器
- 标准材质和材质
- 2D贴图
- 3D贴图

材质的基础知识

材质用于描述对象与光线的相互作用，在材质中，通常使用各种贴图来模拟纹理、反射、折射和其他特殊效果。本节中就将具体介绍有关材质的相关知识以及材质在实际操作中的运用、管理等。

01 设计材质

在3ds Max 2014中，材质的具体特性都可以进行手动控制，如漫反射、高光、不透明度、反射/折射以及自发光等，并允许用户使用预置的程序贴图或外部的位图贴图来模拟材质表面纹理或制作特殊效果，如右图所示为赋予材质后的对象效果。

在3ds Max 2014 中，材质的设计制作是通过"材质编辑器"来完成的，在材质编辑器中，可以为对象选择不同的着色类型和不同的材质组件，还能使用贴图来增强材质，并通过灯光和环境使材质产生更逼真自然的效果。

知识链接　真实效果的设计

制作材质时，除了要应用符合真实世界的原理，还要通过灯光、环境等各种因素来使材质达到真实效果。

1. 材质的基本知识

材质详细描述对象如何反射或透射灯光，其属性也与灯光属性相辅相成，最主要的属性为漫反射颜色、高光颜色、不透明度和反射/折射，各属性的含义如下。

- 漫反射：颜色是对象表面反映出来的颜色，就是通常提及到的对象颜色，受灯光和环境因素的影响会产生偏差。
- 高光：是指物体表面高亮显示的颜色，反映了照亮表面灯光的颜色。在3ds Max中可以对高光颜色进行设置，使其与漫反射颜色相符，从而产生一种无光效果，降低材质的光泽性。
- 不透明度：可以使3ds Max中的场景对象产生透明效果，并能够使用贴图产生局部透明效果。
- 反射/折射：反射是光线投射到物体表面，根据入射的角度将光线反射出去，使对象表面反映反射角度方向的场景，如平面镜。折射是光线透过对象，改变了原有的光线的投射角度，使光线产生偏差，如透过水面看水底。

知识链接　贴图通道

材质的各种属性在3ds Max中表现为颜色或贴图通道，可以通过颜色或贴图来设计各种属性，如漫反射颜色对应了"漫反射"贴图通道。

2．材质编辑器

"材质编辑器"提供创建和编辑材质、贴图的所有功能，通过材质编辑器可以将材质应用到3ds Max中的场景对象，如右图所示。

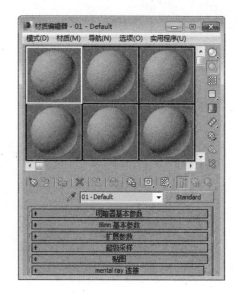

3．材质的着色类型

材质的着色类型是指对象曲面响应灯光的方式，只有特定的材质类型才可以选择不同的着色类型。

4．材质类型组件

每种材质都属于一种类型，默认类型为"标准"，其他的材质类型都有特殊的用途。

5．贴图

使用贴图可以将图像、图案、颜色调整等其他特殊效果应用到材质的漫反射或高光等任意位置。

6．灯光对材质的影响

灯光和材质组合在一起使用，才能使对象表面产生真实的效果，灯光对材质的影响因素主要包括灯光强度、入射角度和距离，各因素的影响如下。

- 灯光强度：灯光在发射点的原始强度。
- 入射角度：物体表面与入射光线所成的角度。入射角度越大，物体接收的灯光越少，材质表面表现越暗。
- 距离：在真实世界中，光线随着距离会减弱，而在3ds Max中可以手动控制衰减的程度。

7．环境颜色

在制作材质时，只有当选择的颜色和其他属性看起来如同真实世界中的对象时，材质才能为场景增加更大的真实感，特别是在不同的灯光环境下。

- 室内和室外灯光：室内场景或室外场景，不仅影响选择材质颜色，还影响设置灯光的方式。
- 自然材质：大部分自然材质都具有无光表面，表面有很少或几乎没有高光颜色。
- 人造材质：人造材质通常具有合成颜色，例如塑料和瓷器釉料均具有很强的光泽。
- 金属材质：金属具有特殊的高光效果，可以使用不同的着色器来模拟金属高光效果。

专家技巧 高光效果的设计

预览金属表面时，勾选"背光"复选框可以显示金属的掠射高光效果。

02 材质编辑器

"材质编辑器"是一个独立的窗口，通过"材质编辑器"可以将材质赋予3ds Max中的场景对象。"材质编辑器"可以通过单击主工具栏中的按钮或"渲染"菜单中的命令打开，如下左图所示为材质编辑器。

1. 示例窗

使用示例窗可以预览材质和贴图，每个窗口可以预览单个材质或贴图。将材质从示例窗拖动到视口中的对象，可以将材质赋予场景对象。

示例窗中样本材质的状态主要有3种，其中，实心三角形表示已应用于场景对象且该对象被选中，空心三角形则表示应用于场景对象但对象未被选中，无三角形表示未被应用的材质，如下右图所示。

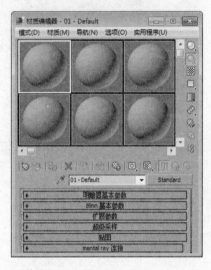
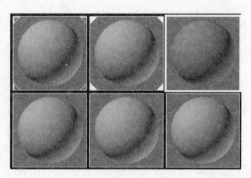

2. 工具

位于"材质编辑器"示例窗右侧和下方的是用于管理和更改贴图及材质的按钮和其他控件。其中，位于右侧的工具栏主要用于对示例窗中的样本材质球进行控制，如显示背景或检查颜色等。位于下方的工具主要用于材质与场景对象的交互操作，如将材质指定给对象、显示贴图应用等。

下面将对右侧工具的应用方法进行介绍。

Step 01 在"材质编辑器"中选择一个样本材质球，然后为"漫反射"选项指定"平铺"程序贴图，如下左图所示。

Step 02 单击并按住"采样类型"按钮不放，在弹出的面板中单击柱体按钮，示例窗中的样本材质球将显示为柱体，如下右图所示。

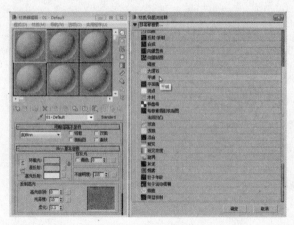
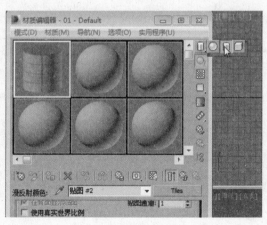

Step 03 如果单击方形的"采样类型"按钮，样本材质球也会相应变为方形，如下左图所示。

Step 04 单击"背光"按钮激活状态，示例窗中的样本材质将不显示背光效果，如下右图所示。

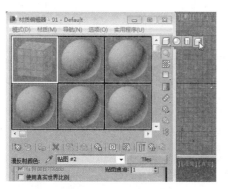 

Step 05 如果材质的"不透明度"参数值小于100，单击"背景"按钮，可透过样本材质查看到示例窗中的背景，如下左图所示。

Step 06 在右侧工具栏中单击"采样UV平铺"的2×2按钮，贴图将平铺两次，如下右图所示。

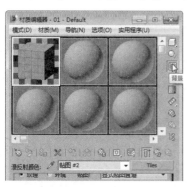 

🔄 **知识链接** 平铺图案

　　使用此选项设置的平铺图案只影响示例窗，对场景中几何体上的平铺没有影响，效果由贴图自身坐标卷展栏中的参数进行控制。

Step 07 如果单击"采样UV平铺"的4×4按钮，贴图将平铺4次，如下左图所示。

Step 08 在右侧工具栏中单击"材质/贴图导航器"按钮，可打开相应的对话框，显示当前选择样本材质的层级，效果如下右图所示。

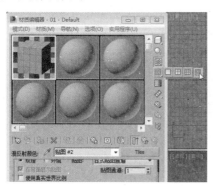 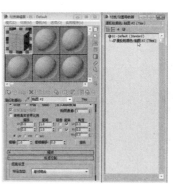

下面将对下方工具的应用方法进行介绍。

Step 01 打开原始文件"下方工具的应用.max"，效果如下左图所示。

Step 02 打开"材质编辑器"，然后选择第一个样本材质球，如下右图所示。

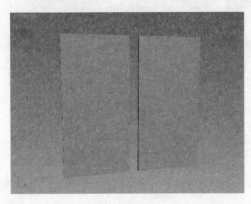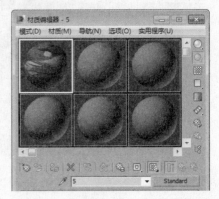

Step 03 在视口中选择一个对象，单击"将材质指定给选定对象"按钮，为其赋予材质，效果如下左图所示。

Step 04 单击"视口中显示明暗处理材质"按钮，对象表面将显示"漫反射"的贴图，如下右图所示。

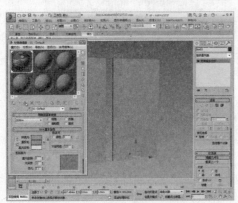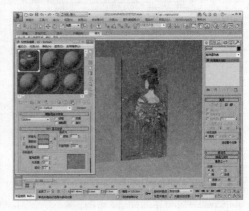

Step 05 单击"从对象拾取材质"按钮，然后在视口中进行拾取操作，对象材质将被拾取到样本材质球上，如下左图所示。

Step 06 在场景中选择另一个对象，然后单击"将材质指定给选定对象"按钮，为其赋予材质，效果如下右图所示。

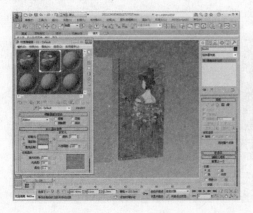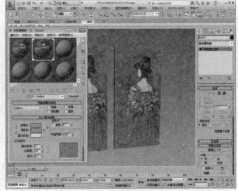

知识链接 如何显示当前层级的贴图

如果为材质的不同通道使用了贴图，在相应的贴图层级下激活"在视口中显示贴图"按钮，即可显示当前层级的贴图。

Step 07 单击"放入库"按钮🔳，将选择的样本材质放入材质库，并可以在相应的对话框中为材质重新命名，如下左图所示。

Step 08 单击"获取材质"按钮🔳，可打开"材质/贴图导航"窗口，在窗口中选择"材质库"项，可在右侧列表框中查看到之前存入的材质，如下右图所示。

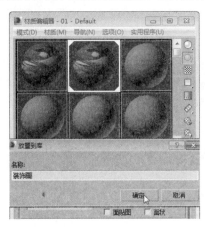 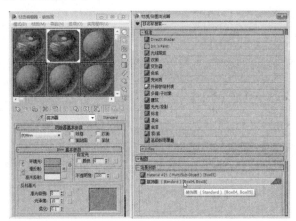

Step 09 选择第二个材质球，然后单击"重置贴图/材质为默认设置"按钮🔳，在弹出的对话框中单击"影响场景和编辑器示例窗中的材质/贴图"单选按钮，再单击"确定"按钮，如下左图所示。

Step 10 单击"确定"按钮后，材质编辑器中当前选择的样本材质将被删除，同时应用了该材质的相应对象也将失去材质，效果如下右图所示。

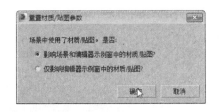 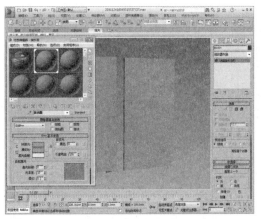

知识链接 移除材质的注意事项

移除材质颜色并设置灰色阴影，将光泽度、不透明度等重置为其默认值。移除指定材质的贴图，如果处于贴图级别，该按钮重置贴图为默认值。

3.参数卷展栏

在示例窗的下方是材质参数卷展栏，不同的材质类型具有不同的参数卷展栏。在各种贴图层级中，也会出现相应的卷展栏，这些卷展栏可以调整顺序，如图所示为标准材质类型的卷展栏。

+	明暗器基本参数
+	Blinn 基本参数
+	扩展参数
+	超级采样
+	贴图
+	mental ray 连接

03 材质的管理

材质的管理主要通过"材质/贴图浏览器"窗口实现，可执行制作副本、存入库、按类别浏览等操作，如右图所示即为"材质/贴图浏览器"。

其中，该浏览器中各选项的含义介绍如下：

- 文本框：在文本框中可输入文本，便于快速查找材质或贴图。
- 示例窗：当选择一个材质类型或贴图时，示例窗中将显示该材质或贴图的原始效果。
- 浏览自：该选项组提供的选项用于选择材质/贴图列表中显示的材质来源。
- 显示：可以过滤列表中的显示内容，如不显示材质或不显示贴图。
- 工具栏：第一部分按钮用于控制查看列表的方式，第二部分按钮用于控制材质库。
- 列表：在列表中将显示3ds Max预置的场景或库中的所有材质或贴图，并允许显示材质层级关系。

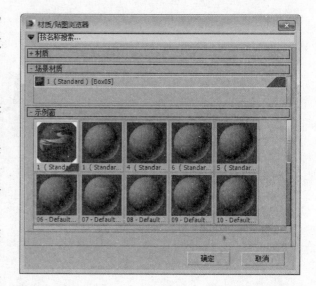

Section 02 材质类型

3ds Max 2014 共提供了16 种材质类型，每一种材质都具有相应的功能，如默认的"标准"材质可以表现大多数真实世界中的材质，或适合表现金属和玻璃的"光线跟踪"材质等，本节将对具体的材质类型进行详细讲解。

01 "标准"材质

"标准"材质是最常用的材质类型，可以模拟表面单一的颜色，为表面建模提供非常直观的方式。使用"标准"材质时可以选择各种明暗器，为各种反射表面设置颜色以及使用贴图通道等，这些设置都可以在参数面板的卷展栏中进行，如右图所示。

+	明暗器基本参数
+	Blinn 基本参数
+	扩展参数
+	超级采样
+	贴图
+	mental ray 连接

1. 明暗器

明暗器主要用于标准材质，可以选择不同的着色类型，以影响材质的显示方式，在"明暗器基本参数"卷展栏中可进行相关设置。

- 各向异性：可以产生带有非圆、具有方向的高光曲面，适用于制作头发、玻璃或金属等材质。
- Blinn：与Phong明暗器具有相同的功能，但它在数学上更精确，是标准材质的默认明暗器。
- 金属：有光泽的金属效果。
- 多层：通过层级两个各向异性高光，创建比各向异性更复杂的高光效果。
- Oren-Nayar-Blinn：类似Blinn，会产生平滑的无光曲面，如模拟织物或陶瓦。
- Phong：与Blinn类似，能产生带有发光效果的平滑曲面，但不处理高光。
- Strauss：主要用于模拟非金属和金属曲面。
- 半透明明暗器：类似于Blinn明暗器，但是其还可用于指定半透明度，光线将在穿过材质时散射，可以使用半透明来模拟被霜覆盖的和被侵蚀的玻璃。

专家技巧 更改材质的着色类型

更改材质的着色类型时，会丢失新明暗器不支持任何参数设置（包括指定贴图）。如果要使用相同的常规参数对材质的不同明暗器进行试验，则需要在更改材质的着色类型之前将其复制到不同的示例窗。采用这种方式时，如果新明暗器不能提供所需的效果，则仍然可以使用原始材质。

2. 颜色

在真实世界中，对象的表面通常反射许多颜色，标准材质也使用4色模型来模拟这种现象，主要包括环境色、漫反射、高光颜色和过滤颜色。

- 环境光：环境光颜色是对象在阴影中的颜色。
- 漫反射：漫反射是对象在直接光照条件下的颜色。
- 高光：高光是发亮部分的颜色。
- 过滤：过滤是光线透过对象所透射的颜色。

3. 扩展参数

在"扩展参数"卷展栏中提供了透明度和反射相关的参数，通过该卷展栏可以制作更具有真实效果的透明材质，如右图所示为该卷展栏的相关参数。

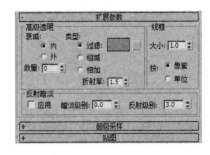

- 高级透明：该选项组中提供的控件影响透明材质的不透明度衰减等效果。
- 反射暗淡：该选项组提供的参数可使阴影中的反射贴图显得暗淡。
- 线框：该选项组中的参数用于控制线框的单位和大小。

4. 贴图通道

在"贴图"卷展栏中，可以访问材质的各个组件，部分组件还能使用贴图代替原有的颜色，如右图所示。

5. 其他

"标准"材质还可以通过高光控件组控制表面接受高光的强

度和范围，也可以通过其他选项组制作特殊的效果，如线框等。

下面将通过具体的实例来介绍"标准"材质的应用。

Step 01 打开原始文件"标准材质的应用.max"，效果如下左图所示。

Step 02 打开"材质编辑器"窗口，选择一个样本材质，单击"漫反射"选项对应的色块，然后根据示意图设置颜色，并将其指定给场景中的对象。

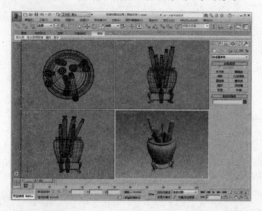 

🔄 **知识链接**　环境光与漫反射

"环境光"只能在最终渲染时显示，漫反射和高光颜色则可以直接在视口中预览。

Step 03 在"反射高光"选项组中设置相关参数，使材质产生高光效果，如下左图所示。

Step 04 设置高光后，在场景中可直接观察到材质表面产生的高光效果，如下右图所示。

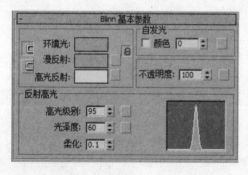 

Step 05 在"材质编辑器"窗口的"明暗器基本参数"卷展栏中勾选"线框"复选框，如下左图所示。

Step 06 在透视视图中观察场景，可查看到应用了该材质的对象，其自身的线框也被实体化，如下右图所示。

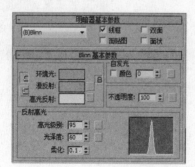 

对象表面的高光效果不仅是由材质决定，同时还受到灯光强度、入射角度和摄影机观察角度等因素的影响。

02 "建筑"材质

"建筑"材质是通过物理属性来调整控制的，与光度学灯光和光能传递配合使用能得到更逼真的效果。3ds Max提供了大量的模板，如玻璃、金属等，如右图所示为建筑材质的相关参数卷展栏。

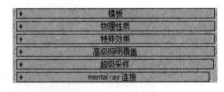

- 模板：该卷展栏提供了可从中选择材质类型的列表，包含纸、石头等选项。
- 物理性质：在"模板"卷展栏中选择不同的模板后，该卷展栏提供了不同的参数，可以对相应的模板进行设置。
- 特殊效果：通过该卷展栏可以设置指定生成凹凸或位移的贴图，调整光线强度或控制透明度。
- 高级照明覆盖：通过该卷展栏可以调整材质在光能传递解决方案中的行为方式。

03 "混合"材质

"混合"材质可以在曲面的单个面上将两种材质进行混合，并可以用来绘制材质的变形效果，以控制随时间混合两个材质的方式。

"混合"材质主要包括两个子材质和一个遮罩，子材质可以是任何类型的材质，并且可以使用各种程序贴图或位图制作为遮罩，"混合"材质的主要参数面板如右图所示。

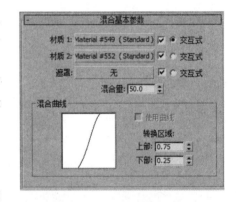

04 "合成"材质

"合成"材质最多可以合成10种材质，按照在卷展栏中列出的顺序从上到下叠加材质。它可通过增加不透明度、相减不透明度来组合材质，或使用"数量"值来混合材质，如右图所示为"合成"材质的参数卷展栏。

其中，各选项的含义介绍如下。

- 基础材质：指定基础材质，其他材质将按照从上到下的顺序，通过叠加在此材质上合成的效果。
- 材质1~材质9：包含用于合成材质的控件。
- A：激活该按钮，该材质使用增加不透明度，材质中的颜色基于其不透明度进行汇总。
- S：激活该按钮，该材质使用相减不透明度，材质中的颜色基于其不透明度进行相减。
- M：激活该按钮，该材质基于数量混合材质，颜色和不透明度将按照使用无遮罩混合材质时的样式进行混合。
- 数量微调器：用于控制混合的数量，默认设置为100.0。

05 "双面"材质

使用"双面"材质可以为对象的前面和后面指定两个不同的材质，如下左图所示为只应用了一种材质的茶杯以及应用了双面材质的茶杯。

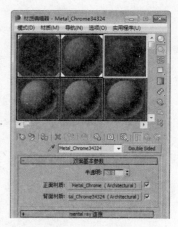

在"双面"材质的相关参数卷展栏中，只包括半透明、正面材质和背面材质3个选项，如上右图所示。

其中，各选项的含义介绍如下。

● 半透明：用于一个材质通过其他材质显示的数量，范围为0%~100%。
● 正面材质：用于设置正面的材质。
● 背面材质：用于设置背面的材质。

06 "卡通"材质

"卡通"材质可以创建卡通效果，与其他大多数材质提供的三维真实效果不同，该材质提供带有墨水边界的平面着色。

"卡通"材质提供的参数主要用于控制绘制效果和墨水效果，如下图所示为该材质类型的参数卷展栏。

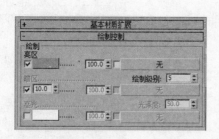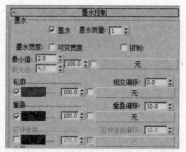

其中，在"绘制控制"卷展栏中可以设置绘制不同的光照区域，包括亮区、暗区和高光区等。在"墨水控制"卷展栏中可以设置材质的轮廓和划线效果。

> **知识链接** 基础材质扩展展卷栏
>
> 在"基础材质扩展"卷展栏中可以设置材质是否启用双面、凹凸等特殊效果的参数。

07 "无光/投影"材质

"无光/投影"材质允许将整个对象（或面的任何一个子集）构建为显示当前环境贴图的隐藏对象，如下左图所示为通过"无光/投影"材质在画框中显示的背景贴图。

"无光/投影"材质只有一个参数卷展栏，在其中可以控制光线、大气、阴影和反射等参数，如下右图所示。

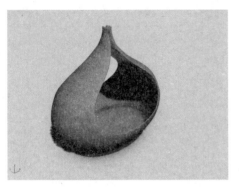 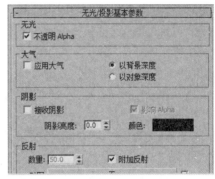

其中，各选项的含义介绍如下。

● 无光：用于确定无光材质是否显示在 Alpha 通道中。
● 大气：用于确定雾效果是否应用于无光曲面和应用方式。
● 阴影：用于确定无光曲面是否接收投射于其上的阴影和接收方式。
● 反射：用于确定无光曲面是否具有反射，是否使用阴影贴图创建无光反射。

知识链接 "无光/阴影"材质的应用技巧

　　使用"无光/阴影"材质也可以从场景中的非隐藏对象中接收投射在照片上的阴影，还可通过在背景中建立隐藏代理对象并将其放置于简单形状对象前面，可以在背景上投射阴影。

08 "壳"材质

"壳"材质主要用于纹理烘焙渲染技术，其将创建包含两种材质，包括在渲染中使用的原始材质和烘焙材质，通过"渲染到纹理"保存到磁盘的位图，再附加到场景中的对象上。

在"壳"材质的参数卷展栏中，可以对原始材质和烘焙材质进行设置，并允许在视口或渲染时显示，如右图所示为相关卷展栏，各选项含义如下。

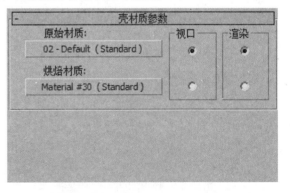

● 原始材质：显示原始材质名称。
● 烘焙材质：显示烘焙材质的名称。
● 视口：选择在着色视口中出现的材质。
● 渲染：选择在渲染中出现的材质。
● 通常情况下，"壳"材质出现在渲染到纹理技术的使用过程中，可以创建光贴图，从而存储场景中投射到对象上的光线级别，可以用于游戏引擎或加速渲染。

02 "光线跟踪"材质

"光线跟踪"材质是较为复杂的高级表面着色材质类型，不仅支持各种类型的着色，还可以创建完全光线跟踪的反射和折射，甚至支持雾、荧光等特殊效果。

"光线跟踪"材质包括了3个主要参数卷展栏，用于控制光线跟踪各种属性和参数，如右图所示，各卷展栏作用如下。

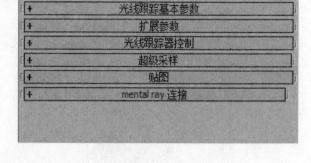

- 光线跟踪基本参数：该卷展栏控制该材质的着色、颜色组件、反射或折射以及凹凸。
- 扩展参数：该卷展栏控制材质的特殊效果透明度属性以及高级反射率。
- 光线跟踪器控制：该卷展栏影响光线跟踪器自身的操作，可以提高渲染性能。

知识链接 光线跟踪贴图的应用

光线跟踪贴图和"光线跟踪"材质使用表面法线，决定光束是进入还是离开表面。如果翻转对象的法线，可能会得到意想不到的结果。

10 "多维/子对象"材质

使用"多维/子对象"材质可以根据几何体的子对象级别分配不同的材质，如下左图所示为该材质的应用效果。

知识链接 "多维/子对象"材质的应用

如果该对象是可编辑网格，可以拖放材质到面的不同选中部分，并随时构建一个"多维/子对象"材质。

"多维/子对象"材质的参数非常简单，只提供了预览子材质的快捷方式和设置子材质数量的参数，如下右图所示为相关卷展栏。

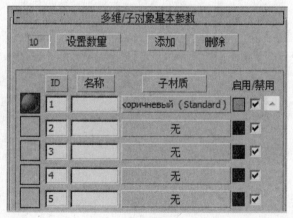

11 "顶/底"材质

使用"顶/底"材质可以为对象的顶部和底部指定两个不同的材质，并允许将两种材质混合在一起，得到类似"双面"材质的效果，如下左图所示为"顶/底"材质的应用效果。

"顶/底"材质参数提供了访问子材质、混合、坐标等参数，其参数卷展栏如下右图所示。

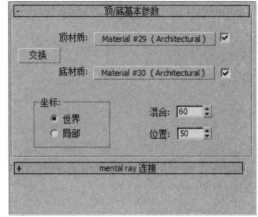

其中，该展卷栏中各选项的含义介绍如下。

- 顶材质：可单击顶材质后的按钮，显示顶材质的命令和类型。
- 底材质：可单击底材质后的按钮，显示底材质的命令和类型。
- 坐标：用于控制对象如何确定顶和底的边界。
- 混合：用于混合顶子材质和底子材质之间的边缘。
- 位置：用于确定两种材质在对象上划分的位置。

> **专家技巧**　"混合"和"位置"参数的应用
>
> "混合"和"位置"参数都可以被记录成动画。

12 "虫漆"材质

"虫漆"材质通过叠加将两种材质进行混合，叠加材质中的颜色称为"虫漆"材质，被添加到基础材质的颜色中，如右图所示为利用"虫漆"材质制作的车漆。

下面将通过实例的形式来介绍"虫漆"材质的应用方法。

Step 01 打开原始文件"虫漆材质的应用.max",效果如下左图所示。

Step 02 直接渲染场景,可以观察到汽车对象应用标准材质的效果,如下右图所示。

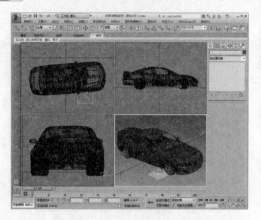 

Step 03 打开"材质编辑器"窗口,使用一个新的"虫漆"材质,如下左图所示。

Step 04 在"虫漆"材质参数面板中为"基础材质"应用标准材质,为"虫漆材质"应用"光线跟踪"材质,如下右图所示。

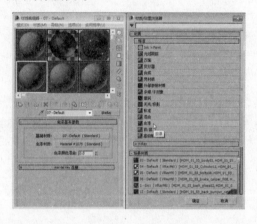 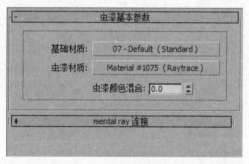

Step 05 在"基础材质"层级中为标准材质"漫反射"指定"衰减"程序贴图,如下左图所示。

Step 06 在"衰减"程序贴图层级中为"颜色1"指定"衰减"程序贴图,并设置"颜色2",如下右图所示。

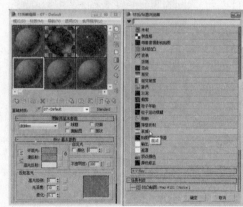 

Step 07 在"颜色1"的"衰减"程序贴图层级中，根据示意图设置第一个颜色及第二个颜色，并设置其他参数，如下左图所示。

Step 08 进入"虫漆材质"层级，为"漫反射"和"反射"指定"衰减"程序贴图，并设置其他参数，如下右图所示。

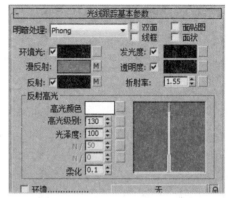

Step 09 将该材质赋予场景中的车身对象，可观察到简单的车漆材质应用效果，如右图所示。

知识链接 材质与贴图的设置技巧

　　如果禁用光线跟踪反射，可以将反射颜色设置为黑色以外的颜色，并为本地环境使用反射/折射贴图，这样可以实现与标准材质中的反射贴图相同的效果，但会增加渲染时间。

Section 03 贴图

　　贴图可以模拟纹理、反射、折射及其他特殊效果，可以在不增加材质复杂度的前提下，为材质添加细节，有效改善材质的外观和真实感。

01　2D贴图

　　3ds Max的贴图可分为2D贴图、3D贴图、合成贴图等多种类型，不同的贴图类型产生不同的效果并且有其特定的行为方式，其中2D贴图是二维图像，一般将其粘贴在几何体对象的表面，或者和环境贴图一样用于创建场景的背景。

　　3ds Max 2014提供的2D贴图主要包括"位图"、"棋盘格"、"渐变"等7种贴图类型。

1. 位图

"位图"贴图是指将图像以很多静止图像文件格式之一保存为像素阵列，如.tif等格式。3ds Max支持的任何位图（或动画）文件类型可以用作材质中的位图，如右图所示为"位图"贴图的主要参数卷展栏。

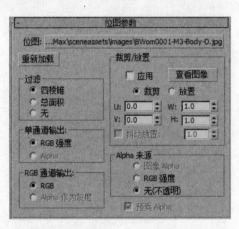

- 过滤：过滤选项组用于选择抗锯齿位图中平均使用的像素方法。
- 裁剪/放置：该选项组中的控件可以裁剪位图或减小其尺寸，用于自定义放置。
- 单通道输出：该选项组中的控件用于根据输入的位图确定输出单色通道的源。
- Alpha来源：该选项组中的控件根据输入的位图确定输出Alpha通道的来源。

知识链接　查看缺少的位图文件

打开所引用的位图找不到文件时，可能会弹出"缺少外部文件"对话框，在其中可以浏览缺失的文件。

2. 棋盘格

"棋盘格"贴图可以产生类似棋盘的，由两种颜色组成的方格图案，并允许贴图替换颜色。

该贴图的卷展栏如右图所示，各选项的含义介绍如下。

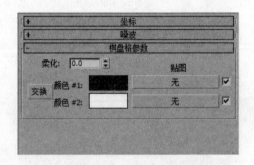

- 柔化：模糊方格之间的边缘，很小的柔化值就能生成很明显的模糊效果。
- 交换：单击该按钮可交换方格的颜色。
- 颜色：用于设置方格的颜色，允许使用贴图代替颜色。

3. Combustion

Combustion程序贴图与Autodesk Comb-ustion产品配合使用，如果计算机未安装Auto-desk Combustion程序，其参数卷展栏中将有提示，如右图所示。

4. 渐变

"渐变" 贴图是指从一种颜色到另一种颜色进行着色，可以创建3种颜色的线性或径向渐变效果，如右图所示为该贴图的应用效果。

 知识链接 交换颜色

　　通过将一个色样拖动到另一个色样上可以交换颜色，单击 "复制或交换颜色" 对话框中的 "交换" 按钮完成操作。若需要反转渐变的总体方向，则可交换第一种和第三种颜色。

5. 渐变坡度

"渐变坡度" 贴图可以使用多种颜色、贴图和混合来创建多种渐变效果。

6. 漩涡

"漩涡" 贴图可以创建两种颜色或贴图的漩涡图案，如右图所示为该贴图的应用效果。

 知识链接 漩涡贴图

　　旋涡贴图生成的图案类似于两种冰淇淋的外观。如同其他双色贴图一样，任何一种颜色都可用其他贴图替换，因此大理石与木材也可以生成旋涡。

7. 平铺

"平铺" 贴图使用颜色或材质贴图创建砖或其他平铺材质。通常包括已定义的建筑砖图案，也可以自定义图案，如右图所示为使用该贴图的应用效果。

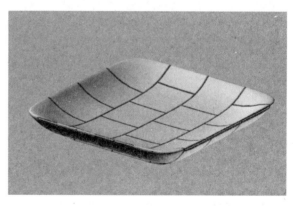

8. 坐标

2D贴图都有 "坐标" 卷展栏，用于调整坐标参数，可以相对于对其应用贴图的对象表面移动贴图，实现其他效果，其展卷栏如下图所示。

　　其中，各选项的含义介绍如下。

- 纹理：用于将该贴图作为纹理贴图应用于表面。
- 环境：用于使用贴图作为环境贴图。
- 在背面显示贴图：勾选该复选框，平面贴图（对象XYZ平面，或使用 "UVW贴图" 修改器）穿透投影，渲染在对象背面上。
- 使用真实世界比例：勾选该复选框，使用真实 "宽度" 和 "高度" 值而不是UV值将贴图应用于对象。

- 偏移：在UV坐标中更改贴图的位置，移动贴图以符合它的大小。
- 瓷砖：决定贴图沿每根轴瓷砖（重复）的次数。
- 镜像：从左至右（U轴）或从上至下（V轴）进行镜像。
- （镜像）瓷砖：在U轴或V轴中启用或禁用瓷砖。
- 角度：用于设置绕U、V或W轴旋转贴图。
- 模糊：以贴图离视图的距离决定贴图的锐度或模糊度，贴图距离越远，则越模糊。
- 模糊偏移：设置贴图的锐度或模糊度，与贴图离视图的距离无关。

02　3D贴图

3D贴图是根据程序以三维方式生成的图案，拥有通过指定几何体生成的纹理。如果将指定纹理的对象切除一部分，那么切除部分的纹理与对象其他部分的纹理相一致。

3ds Max 2014一共提供15种预置的3D程序贴图，如"凹痕"、"衰减"等，同时，3ds Max支持安装插件提供的更多贴图。

1. 细胞

"细胞"贴图可生成用于各种视觉效果的细胞图案，包括马赛克瓷砖、鹅卵石表面甚至海洋表面，如右图所示为该贴图的应用效果。

知识链接　细胞效果的展现

"材质编辑器"示例窗不能很清楚地展现细胞效果，将贴图指定给几何体并渲染场景会得到想要的效果。

2. 凹痕

"凹痕"贴图根据分形噪波产生随机图案，在曲面上生成三维凹凸效果，图案的效果取决于贴图类型，如右图所示为该贴图的应用效果。

知识链接　"凹痕"贴图的应用

"凹痕"贴图主要设计用作"凹凸"贴图，其默认参数就是对这个用途的优化。用作凹凸贴图时，"凹痕"贴图在对象表面提供了三维的凹痕效果，可通过编辑参数控制大小、深度和凹痕效果的复杂程度。

3．衰减

"衰减"程序贴图是基于几何曲面上面法线的角度衰减生成从白色到黑色的值。在创建不透明的衰减效果时，衰减贴图提供了更大的灵活性，如右图所示为该贴图的应用效果。

知识链接 "距离混合"衰减方式

"距离混合"衰减方式在"近端距离"和"远端距离"之间进行调节，用途包括减少大地形对象上的抗锯齿和控制非照片真实级环境中的着色。

4．大理石

3ds Max提供了"大理石"和"Perlin 大理石"两种类似大理石纹理的程序贴图，可以通过不同的算法生成不同类型的大理石图案，如下左图所示为"Perlin 大理石"程序贴图应用效果。

5．噪波

"噪波"贴图基于两种颜色或材质的交互创建曲面的随机扰动，是三维形式的湍流图案，如下右图所示为该贴图的应用效果。

6．粒子系列

3ds Max提供了用于粒子的"粒子年龄"和"粒子模糊"两种程序贴图，可以控制粒子的漫反射效果和运动模糊效果。

知识链接 粒子系列的应用

"粒子年龄"通常和"粒子运动模糊"贴图一起使用，例如将"粒子年龄"指定给漫反射贴图，而将"粒子运动模糊"指定为不透明贴图。

7．行星

"行星"程序贴图可以模拟空间角度的行星轮廓，使用分形算法可以模拟卫星表面颜色的3D贴图。

8. 斑点

"斑点"程序贴图用于生成斑点的表面图案，该图案用于"漫反射"贴图和"凹凸"贴图，以创建类似花岗岩的表面和其他图案表面的效果，如下左图所示为该贴图的应用效果。

9. 烟雾

"烟雾"程序贴图是生成无序、基于分形的湍流图案的3D贴图，其主要用于设置动画的不透明贴图，以模拟一束光线中的烟雾效果或其他云状流动贴图效果。

10. 泼溅

"泼溅"程序贴图可生成类似于泼墨画的分形图案，对于漫反射贴图创建类似泼溅的图案效果，如下右图所示为该贴图的应用效果。

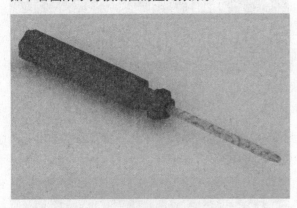 

11. 灰泥

"灰泥"程序贴图可生成类似于灰泥的分形图案，该图案对于凹凸贴图创建灰泥表面或者脱落效果非常有用，如下左图所示为该贴图的应用效果。

12. 木材

"木材"程序贴图可将整个对象体积渲染成波浪纹图案，可以控制纹理的方向、粗细和复杂度，如下右图所示为贴图的应用效果。该贴图主要把木材用作漫反射颜色贴图，将指定给"木材"的两种颜色进行混合，可以使其形成纹理图案。可以使用其他贴图来代替其中任意一种颜色。

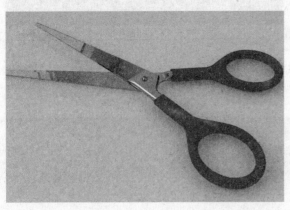 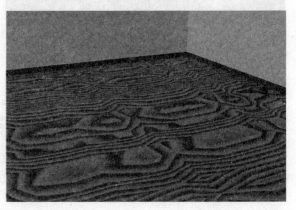

13. 波浪

"波浪"程序贴图能够生成水花或波纹效果，生成一定数量的球形波浪中心并将它们随机分布在球体上，可以控制波浪组数量、振幅和波浪速度。

03 "合成器" 贴图

"合成器"程序贴图类型专用于合成其他颜色或贴图，是指将两个或多个图像叠加以将其组合，3ds Max 2014 共提供了4 种该类型的3D 程序贴图。

1. 合成

合成程序贴图可以合成多个贴图，这些贴图使用Alpha通道彼此覆盖。与混合程序贴图不同，对于混合的量合成没有明显的控制。

专家技巧 多个贴图的显示

视口可以在合成贴图中显示多个贴图。对于多个贴图显示，显示驱动程序必须是OpenGL或者Direct3D。软件显示驱动程序不支持多个贴图显示。

2. 遮罩

使用"遮罩"程序贴图，可以在曲面上通过一种材质查看另一种材质，将遮罩控制应用到曲面的第二个贴图的位置。遮罩贴图的展卷栏如下左图所示。

3. 混合

"混合"程序贴图可混合两种颜色或两种贴图，将两种颜色或材质合成在曲面的一侧，可以使用指定混合级别调整混合的量。混合贴图的展卷栏如下右图所示。

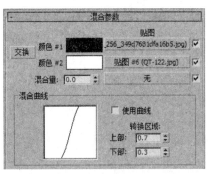

4. RGB倍增

使用"RGB 倍增"程序贴图可以通过RGB和Alpha值组合两个贴图，通常用于凹凸贴图，如右图所示为该贴图的应用效果。

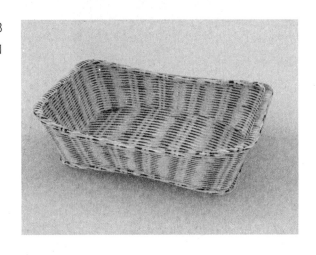

04 "颜色修改器"贴图

使用"颜色修改器"程序贴图可以改变材质中像素的颜色,3ds Max 2014共提供了4种该类型程序贴图。

1. 颜色修正

"颜色修正"贴图是3ds Max 2014中新增的贴图类型,提供了一组工具可基于堆栈的方法修改校正颜色,具有对比度、亮度等色彩基本信息的调整功能。

2. 输出

"输出"程序贴图可将位图输出功能应用到没有这些设置的参数贴图中。

3. RGB染色

"RGB染色"程序贴图可调整图像中3种颜色通道的值,3种色样代表3种通道,更改色样可以调整其相关颜色通道的值。

4. 顶点颜色

"顶点颜色"程序贴图可渲染对象的顶点颜色,可以使用顶点绘制修改器、指定顶点颜色工具指定顶点颜色,也可以使用可编辑网格顶点控件、可编辑多边形顶点控件或者可编辑多边形顶点控件指定顶点颜色。

下面将通过实例的形式介绍"颜色修正"贴图的应用。

Step 01 打开"颜色修正贴图的应用.max"文件,效果如下左图所示。

Step 02 打开"材质编辑器"窗口,为茶面使用的材质的"漫反射"指定"颜色修正"程序贴图,如下右图所示。

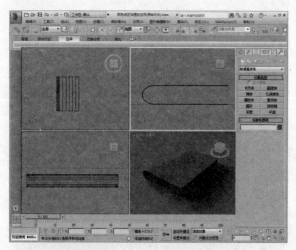 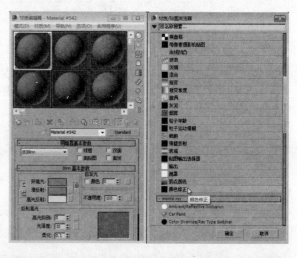

🔄 知识链接　关于颜色修正贴图的应用

"颜色修正"贴图的亮度设置提供了基本和高级两种模式,在高级模式下可以对每个通道进行亮度调整。

Step 03 在"颜色修正"程序贴图层级设置颜色，如下左图所示。

Step 04 渲染场景，可以观察到对象表面的颜色应用效果，如下右图所示。

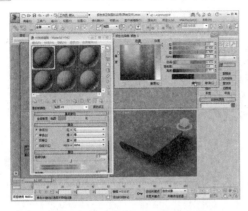 

Step 05 为"颜色修正"程序贴图层级的贴图通道指定位图，选择如下左图所示的贴图文件。

Step 06 渲染场景，可以观察到对象表面的颜色应用效果，如下右图所示。

Step 07 在"基本参数"卷展栏中单击"单色"单选按钮，如下左图所示。

Step 08 再次渲染场景，可以观察到贴图的颜色变为单色，如下右图所示。

知识链接 颜色修正贴图的设置

颜色修正贴图支持RGB颜色通道的设置，允许将不同的通道进行不同的模式调整，如将红色通道进行反相。

Step 09 在"通道"卷展栏中返回原本设置，展开"颜色"卷展栏，设置"色相"和"饱和度"的参数，如下左图所示。

Step 10 渲染场景，可观察到贴图被更改色相和饱和度的应用效果，如下右图所示。

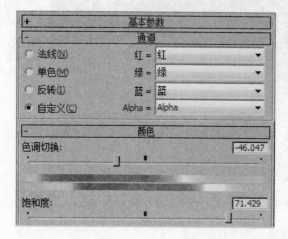 

05 其他贴图

其他类型贴图包括常用的多种反射、折射类贴图和摄影机每像素、法线凹凸等程序贴图。

1. 平面镜

"平面镜"程序贴图可应用于共面集合时生成反射环境对象的材质，通常应用于材质的反射贴图通道。

2. 光线跟踪

"光线跟踪"程序贴图可以提供全部光线跟踪反射和折射效果，光线跟踪对渲染3ds Max场景进行优化，并且通过将特定对象或效果排除于光线跟踪之外可以进一步优化场景，如下左图所示。

3. 反射/折射

"反射/折射"程序贴图可生成反射或折射表面，如下右图所示。要创建反射效果，将该贴图指定到反射通道。要创建折射效果，将该贴图指定到折射通道。

"光线跟踪"贴图并不总是在正交视图（左、前等等）正常运行，它也可以在"透视"视图和"摄影机"视图中正常运行。

4. 薄壁折射

"薄壁折射"程序贴图可模拟缓进或偏移效果，得到如同透过玻璃看到的图像。该贴图的速度更快，占用内存更少，并且提供的视觉效果要优于"反射/折射"贴图。

5. 摄影机每像素

"摄影机每像素"贴图可以从特定的摄影机方向投射贴图，通常使用图像编辑应用程序调整渲染效果，然后将这个调整过的图像用作投射回3D几何体的虚拟对象。

6. 法线凹凸

"法线凹凸"贴图可以指定给材质的凹凸组件、位移组件或两者，使用位移的贴图可以更正看上夫平滑失真的边缘，并会增加几何体的面。

设计师训练营 制作生锈的铁杯

本小节中将引导大家制作一个生锈的铁质杯子，利用模型库中的杯子模型制作主体，然后更改材质效果，使表面呈生锈效果。在制作过程中，还需要调整"漫反射"、"凹凸"、"反射"等属性，让锈迹更加真实、生动。

Step 01 打开原始文件"制作生锈的茶具.max"，直接渲染场景，观察场景在没有赋予生锈材质时的效果，如下左图所示。

Step 02 打开材质编辑器，选择一个材质球，为漫反射添加贴图，如下右图所示。

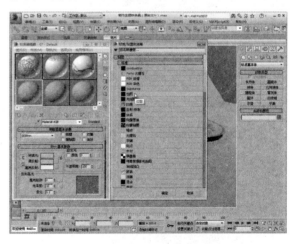

Step 03 选择"位图"贴图，选择如下左图所示的贴图图片。

Step 04 调整反射高光参数，如下右图所示。

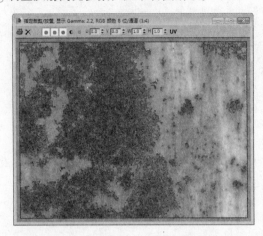
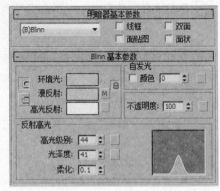

Step 05 将调整好的材质赋予给茶杯，渲染场景，得到如下左图所示的效果。

Step 06 继续为材质添加凹凸贴图，在"贴图"卷展栏中选择"凹凸"，指定位图，如下右图所示。

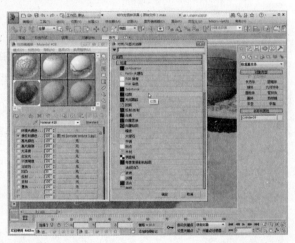

Step 07 在"位图"中选择黑白图片用作凹凸贴图，如下左图所示。

Step 08 调整凹凸贴图的参数，如下右图所示。

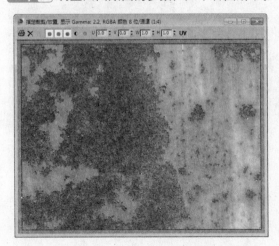
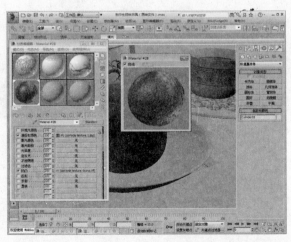

Step 09 渲染场景，观察凹凸贴图对物体的影响，如下左图所示。

Step 10 勾选"反射"复选框，为其添加位图贴图，如下右图所示。

 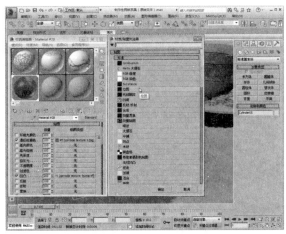

Step 11 添加如下左图所示的图片。

Step 12 渲染场景，可以观察添加反射贴图后对物体的影响，如下右图所示。

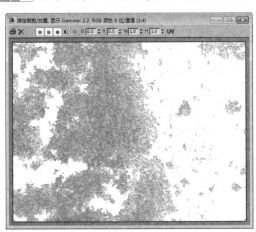 

知识链接 光线跟踪贴图的应用

　　制作带漆铁锈的材质，主要通过带漆铁锈的贴图来模拟表面基本纹理效果，再通过为"凹凸"和"反射"贴图通道指定相应的灰度贴图，使带漆铁锈材质更具真实感。

1. 选择题

（1）3ds Max 中的材质编辑器中最多可以显示的样本球个数为（　　）。

    A. 9 　　　　　　　　　　　　B. 13

    C. 8 　　　　　　　　　　　　D. 24

（2）以下不属于 3ds Max 标准材质中贴图通道的是（　　）。

    A. Bump 　　　　　　　　　　B. Reflection

    C. Diffuse 　　　　　　　　　D. Extra light

（3）对"材质编辑器"叙述不正确的是（　　）。

    A. 按字母G键可直接打材质编辑器

    B. 材质编辑器里默认情况下只能使用24个材质球

    C. 材质编辑器可以对物体进行贴图操作

    D. 材质编辑器可以改变物体的形状和亮度

（4）贴图和材质是两个完全不同的概念，下面不属于材质类型的是（　　）。

    A. 标准 　　　　　　　　　　B. 噪波

    C. 建筑 　　　　　　　　　　D. 双面

2. 填空题

（1）用于编辑材质的对话框被称为_____，打开这个对话框的快捷键为_____。

（2）双面材质的名称是_____。

（3）能够显示当前材质球的材质层次结构的是_____。

（4）材质编辑器中的"Color Controls"（颜色控制）用于设置着色光线。其中调节的三个主要参数是_____、_____、Diffuse（表面漫反射色）。

3. 上机题

利用本章所学知识，练习"多维/子材质"材质的应用，其效果如下图所示。

操作提示

没有指定给对象或对象曲面的子材质可以通过使用清理多维材质工具来从多维子对象材质中清理出去。

Chapter 07

灯光技术

　　本章将对3ds Max 2014的各种预置灯光进行讲解，其中灯光系统分为标准光源和光度学光源两大类，这也是本章讲解的重点，在讲解标准灯光的使用和光度学灯光的分布方式时，配合小型实例讲解灯光在场景中的具体使用技巧和方法。

重点难点

● 3ds Max的光源系统

● 标准灯光的使用

● 光度学灯光的分布方式

● 灯光的阴影

灯光的种类

3ds Max 中的灯光可以模拟真实世界中的发光效果，如各种人工照明设备或太阳，也为场景中的几何体提供照明。3ds Max 2014提供了多种灯光对象，用于模拟真实世界中不同种类的光源。

01 标准灯光

标准灯光是基于计算机的模拟灯光对象，该类型灯光主要包括泛光灯、聚光灯、平行光、天光以及mental ray常用区域灯光等多种类型。

1. 泛光灯

泛光灯从单个光源向四周投射光线，其照明原理与室内白炽灯泡等一样，因此通常用于模拟场景中的点光源，如下左图所示为泛光灯的基本照射效果。

2. 聚光灯

聚光灯包括目标聚光灯和自由聚光灯两种，但照明原理都类似闪光灯，即投射聚集的光束，其中自由聚光灯没有目标对象，如下右图所示。

知识链接　泛光灯的应用

当泛光灯应用光线跟踪阴影时，渲染速度比聚光灯要慢，但渲染效果一致，在场景中应尽量避免这种情况。

3. 平行光

平行光包括目标平行灯和自由平行灯两种，主要用于模拟太阳在地球表面投射的光线，即以一个方向投射的平行光，如下左图所示为平行光照射效果。

4．天光

天光是比较特别的标准灯光类型，可以建立日光的模型，配合光跟踪器使用，如下右图所示为天光的应用效果。

知识链接　目标聚光灯或目标平行光的应用

目标聚光灯或目标平行光的目标点与灯光的距离对灯光的强度或衰减之间没有影响。

02　光度学灯光

光度学灯光使用光度学（光能）值，通过这些值可以更精确地定义和控制灯光，用户可以通过光度学灯光创建具有真实世界中灯光规格的照明对象，而且可以导入照明制造商提供的特定光度学文件。

1．目标灯光

3ds Max 2014 将光度学灯光进行整合，将所有的目标光度学灯光合为一个对象，可以在该对象的参数面板中选择不同的模板和类型，如40W强度的灯或线性灯光类型，如下左图所示为所有类型的目标灯光。

2．自由灯光

自由灯光与目标灯光参数完全相同，只是没有目标点，如下右图所示为参数面板。

 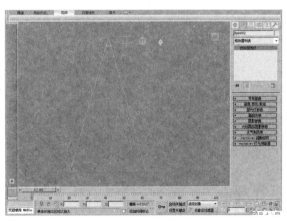

Section 02 标准灯光的基本参数

当光线到达对象的表面时，对象表面将反射这些光线，这就是对象可见的基本原理。对象的外观取决于到达它的光线以及对象材质的属性，灯光的强度、颜色、色温等属性，这些因素都会对对象的表面产生影响。

01 灯光的强度、颜色和衰减

在标准灯光的"强度/颜色/衰减"卷展栏中，可以对灯光最基本的属性进行设置，如右图所示为参数卷展栏，其中各选项的含义介绍如下。

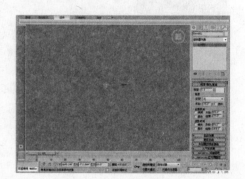

- 倍增：该参数可以将灯光功率放大一个正或负的量。
- 颜色：单击色块，可以设置灯光发射光线的颜色。
- 衰退：该选项组提供了使远处灯光强度减小的方法，包括倒数和平方反比两种方法。
- 近距衰减：该选项项组中提供了控制灯光强度淡入的参数。
- 远距衰减：该选项项组中提供了控制灯光强度淡出的参数。

知识链接 光线与亮度的关系

光线与对象表面越垂直，对象的表面越亮。

专家技巧 解决灯光衰减的方法

灯光衰减时，距离灯光较近的对象可能过亮，距离灯光较远的对象表面可能过暗。这种情况可通过不同的曝光方式解决。

02 排除和包含

"排除/包含"功能用于控制对象是否被灯光照明或不被照明，同时还可以将灯光照明和阴影进行分离处理。

"排除/包含"功能主要通过相应的对话框对对象进行设置，同时也可以选择具体的照明信息参数，如右图所示为"排除/包含"对话框。

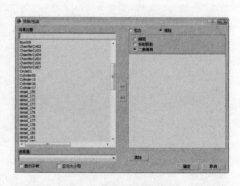

其中，各选项的含义介绍如下。

- "场景对象" 列表框下方的编辑框用于按名称搜索对象。可以输入通配符名称来搜索场景对象。
- 场景对象：选中左侧场景对象列表框中的对象，然后单击箭头按钮将其添加到右侧的扩展列表中，此时"排除/包含"功能有效。

- 包含：用于决定灯光是否包含右侧列表中已命名的对象。
- 排除：用于决定灯光是否排除右侧列表中已命名的对象。
- 照明：用于排除或包含对象表面的照明。
- 投射阴影：用于排除或包含对象阴影的创建。
- 二者兼有：用于排除或包含照明效果和阴影效果。

03 阴影参数

所有的标准灯光类型都具有相同的阴影参数设置，通过设置阴影参数，可以使对象投影产生密度不同或颜色不同的阴影效果。

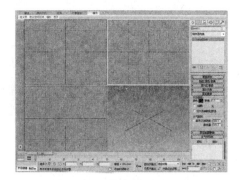

阴影参数直接在"阴影参数"卷展栏中进行设置，如右图所示。其中，各参数选项的含义介绍如下。

- 颜色：单击色块，可以设置灯光投射的阴影颜色，默认为黑色。
- 密度：用于控制阴影的密度，值越小阴影越淡。
- 贴图：使用贴图可以应用各种程序贴图与阴影颜色进行混合，产生更复杂的阴影效果。
- 大气阴影：应用该选项组中的参数，可以使场景中的大气效果也产生投影，并能控制投影的不透明度和颜色数量。

知识链接　阴影强度的设置技巧

如果将阴影强度设置为负值，可以帮助模拟反射灯光的效果。

Section 03 光度学灯光的基本参数

光度学灯光与标准灯光一样，强度、颜色等是最基本的属性，但光度学灯光还具有物理方面的参数，如灯光的分布、形状以及色温等。

01 灯光的强度和颜色

在光度学灯光的"强度/颜色/衰减"卷展栏中，可以设置灯光的强度和颜色等基本参数，如右图所示。

其中，各选项的含义介绍如下。

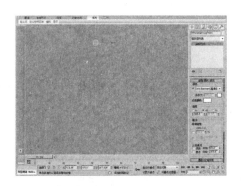

- 颜色：在该选项组中提供了用于确定灯光的不同方式，可以使用过滤颜色，选择下拉列表中提供的灯具规格，或通过色温控制灯光颜色。
- 强度：在该选项组中提供了3个选项来控制灯光的强度。
- 暗淡：在保持强度的前提下控制灯光的强度。

02 光度学灯光的分布方式

光度学灯光提供了4 种不同的分布方式，用于描述光源发射光线方向。在"常规参数"卷展栏中可以选择不同的分布方式，如下左图所示。

1. 等向分布

等向分布可以在各个方向上均等地分布光线，如下右图所示为等向分布的原理。

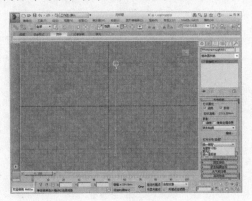 

2. 漫反射分布

漫反射分布从曲面发射光线，以正确的角度保持曲面上的灯光强度最大。倾斜角越大，发射灯光的强度越弱，如下左图所示为漫反射分布的原理。

3. 聚光灯分布

聚光灯分布像闪光灯一样投影聚焦的光束，就像在剧院舞台或桅灯下的聚光区。灯光的光束角度控制光束的主强度，区域角度控制光在主光束之外的"散落"，如下右图所示为聚光灯分布的原理图。

3ds Max 2014为"聚光灯"分布提供了相应的参数控制，可以使聚光区域产生衰减，如右图所示为相关的参数卷展栏。

- 聚光区/光束：用于调整灯光圆锥体的角度，聚光区值以度为单位进行测量。
- 衰减区/区域：用于调整灯光衰减区的角度，衰减区值以度为单位进行测量。

03 光度学灯光的形状

由于3ds Max将光度学灯光整合为目标灯光和自由灯光两种类型，光度学灯光的开关可以在任何目标灯光或自由灯光中进行自由切换，如下图所示为光度学灯光形状切换的卷展栏。

其中，各选项的含义介绍如下。

- 点光源：选择该形状，灯光像标准的泛光灯一样从几何体点发射光线。
- 线：选择该形状，灯光从直线发射光线，像荧光灯管一样。
- 矩形：选择该形状，灯光像天光一样从矩形区域发射光线。
- 圆形：选择该形状，灯光从类似圆盘状的对象表面发射光线。
- 圆球体：选择该形状，灯光从具体半径大小的球体表面发射光线。
- 圆柱体：选择该形状，灯光从柱体形状的表面发射光线。

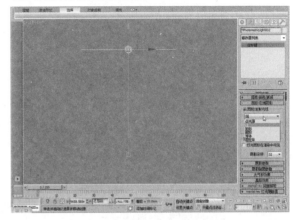

知识链接 灯光形状的应用

球体和圆柱体这两种光度学灯光形状只能应用等向分布方式。

下面将通过具体的实例来介绍不同形状的光度学灯光照明效果。

Step 01 打开原始文件"不同形状的光度学灯光照明效果.max"，如下左图所示。

Step 02 渲染场景，可观察到场景中已有灯光的照明效果，如下右图所示。

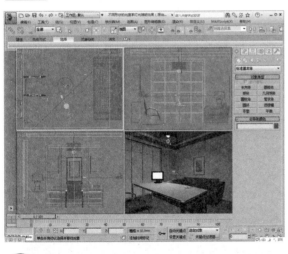

知识链接 灯光的移动

由于灯光始终指向其目标，因此不能沿着其局部X轴或Y轴进行旋转。但是，可以选择并移动目标对象以及灯光本身。当移动灯光或目标时，灯光的方向会改变。

Step 03 在场景中创建一盏目标灯光，并调整灯光强度及位置，如下左图所示。

Step 04 渲染场景，可观察到该灯光以默认的"点光源"形状存在，照明效果如下右图所示。

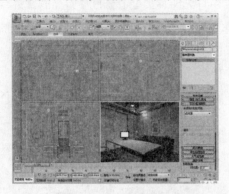 

Step 05 再创建一盏目标灯光，选择光源形状为"线"形状，设置灯光强度以及线长度，如下左图所示。

Step 06 渲染场景，可观察到该灯光准确地模拟灯带的照明效果，如下右图所示。

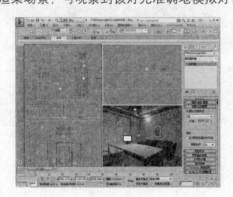 

Section 04 灯光的阴影

对于标准灯光和光度学灯光中的所有类型的灯光，在"常规参数"卷展栏中，除了可以对灯光进行开关设置外，还可以选择不同形式的阴影方式。

01 阴影贴图

阴影贴图是最常用的阴影生成方式，它能产生柔和的阴影，并且渲染速度快。不足之处是会占用大量的内存，并且不支持使用透明度或不透明度贴图的对象，如右图所示是使用阴影贴图渲染出的效果。

使用阴影贴图，灯光参数面板中会出现"阴影贴图参数"卷展栏，如右图所示。

卷展栏中各选项的含义介绍如下。

- 偏移：位图偏移面向或背离阴影投射对象移动阴影。
- 大小：设置用于计算灯光的阴影贴图大小。
- 采样范围：采样范围决定阴影内平均有多少区域，影响柔和阴影边缘的程度。范围为0.01~50.0。
- 绝对贴图偏移：勾选该复选框，阴影贴图的偏移未标准化，以绝对方式计算阴影贴图偏移量。
- 双面阴影：勾选该复选框，计算阴影时背面将不被忽略。

02 区域阴影

所有类型的灯光都可以使用"区域阴影"参数。创建区域阴影，需要设置"虚设"区域阴影的虚拟灯光的尺寸，如下左图所示为区域阴影的应用。

使用"区域阴影"后，会出现相应的参数卷展栏，在卷展栏中可以选择产生阴影的灯光类型并设置阴影参数，如上右图所示。

其中，展卷栏中各选项的含义介绍如下。

- 基本选项：在该选项组中可以选择生成区域阴影的方式，包括简单、矩形灯、圆形灯、长方体形灯、球形灯等多种方式。
- 阴影完整性：用于设置在初始光束投射中的光线数。
- 阴影质量：用于设置在半影（柔化区域）区域中投射的光线总数。
- 采样扩散：用于设置模糊抗锯齿边缘的半径。
- 阴影偏移：用于控制阴影和物体之间的偏移距离。
- 抖动量：用于向光线位置添加随机性。
- 区域灯光尺寸：该选项组提供尺寸参数来计算区域阴影，该组参数并不影响实际的灯光对象。

03 光线跟踪阴影

使用"光线跟踪阴影"功能可以支持透明度和不透明度贴图，产生清晰的阴影，但该阴影类型渲染计算速度较慢，不支持柔和的阴影效果。

选择"光线跟踪阴影"选项后，参数面板中会出现相应的卷展栏，如右图所示。

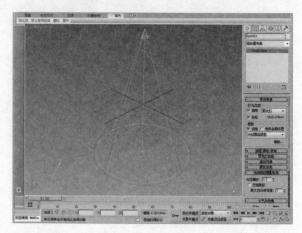

其中，各选项的含义介绍如下：

- 光线偏移：该参数用于设置光线跟踪偏移面向或背离阴影投射对象所移动阴影的多少。
- 双面阴影：勾选该复选框，计算阴影时其背面将不被忽略。
- 最大四元树深度：该参数可调整四元树的深度。增大四元树深度值可以缩短光线跟踪时间，但却要占用大量的内存空间。四元树是一种用于计算光线跟踪阴影的数据结构。

Section 05 模拟白天光照效果

本节将通过创建各种3ds Max的预置灯光来完成对场景白昼的照明模拟。

01 模拟天光

本小节将通过创建泛光灯来模拟天光的环境照明效果，其实，天光是一种环境光源，可以通过大气反射太阳光线对整个场景进行照明。

下面将通过具体的实例来讲解该知识。

Step 01 打开原始文件"模拟天光.max"，如下左图所示。

Step 02 在场景中创建一盏泛光灯，创建位置如下右图所示。

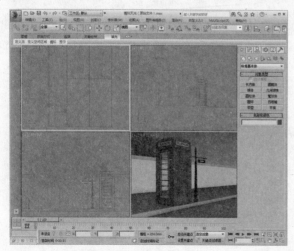

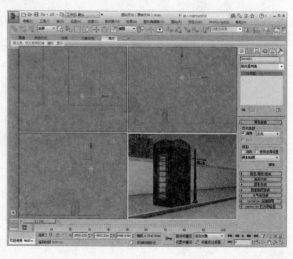

Step 03 渲染场景，可以观察到该灯光的默认照明效果，如下左图所示。

Step 04 在泛光灯的参数面板中，设置灯光的颜色和衰减参数，如下右图所示。

 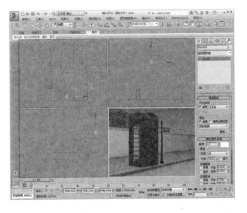

Step 05 渲染场景，可以观察到该泛光灯在启用阴影、修改颜色和应用衰减后的照明效果，如下左图所示。

Step 06 将泛光灯在场景中以"实例"的方式进行克隆，如下右图所示。

 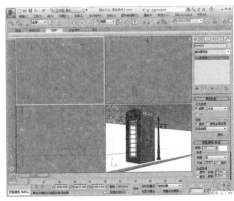

🔄 **知识链接**　克隆灯光

以实例方式克隆的灯光，修改其中一盏灯光的参数，其他灯光的参数也将同步更新。

Step 07 再次渲染场景，可观察到由于灯光过多，场景有过度曝光的现象，如下左图所示。

Step 08 在灯光参数面板中设置"倍增"值为0.5，并且取消勾选"高光"复选框，如下右图所示。

 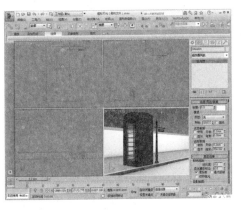

Step 09 渲染场景，可观察到整个场景中有均匀的光线照明，并具有柔和的阴影，如右图所示。

🔄 **知识链接** 天光的颜色

在白昼时，天光的颜色与天空颜色接近，根据天气晴朗的程度呈不同饱和度的浅蓝色。

02 太阳光照明

本小节将通过目标平行光来模拟太阳光直射的效果，其具体的应用操作如下。

Step 01 在场景中创建一盏"目标平行光"，用于模拟阳光，创建位置如下左图所示。

Step 02 渲染场景，可观察到目标平行光的默认照射效果，如下右图所示。

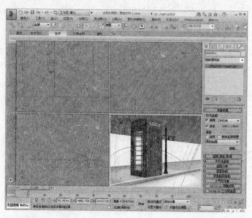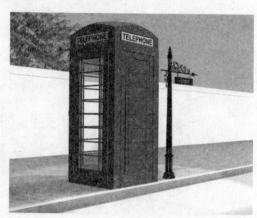

Step 03 在目标平行光的参数面板中，设置平行光影响范围的参数值，如下左图所示。

Step 04 渲染场景，可观察到整个场景都受到了相同强度光照的效果，如下右图所示。

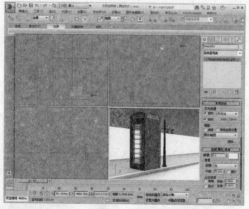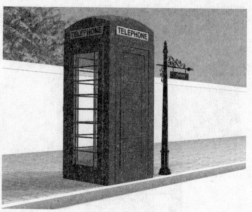

🔄 **知识链接** 夜间灯光的设置

如果需要模拟晴朗的夜间，建议使用泛光灯来模拟月光的照明。

Step 05 设置目标平行光的倍增、颜色等参数，如下左图所示。

Step 06 渲染场景，可以观察到场景受到模拟太阳的目标平行光照射，生成了清晰的阴影，场景也变得足够明亮，如下右图所示。

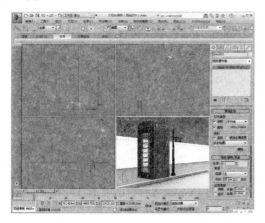 

👤 **专家技巧** 模拟太阳光

　　使用目标平行光模拟太阳光时，建议设置足够大的照射范围，这样才能使整个场景都受到相同强度的光线照明，也更接近真实太阳的照明原理。

　　越是晴朗的天气，太阳光照射的强度越大，产生的阴影也越清晰。如果是阴天，场景中可以不创建模拟太阳光的灯光。

03　人工照明

　　本小节将模拟路灯的人工照明效果，通过光度学灯光，可以有效地控制灯光的强度、颜色和照明范围等。下面将通过具体操作对该知识进行讲解。

Step 01 在场景中创建一盏光度学"目标灯光"，创建位置如下左图所示。

Step 02 渲染场景，可观察到该灯光默认照明效果，如下右图所示。

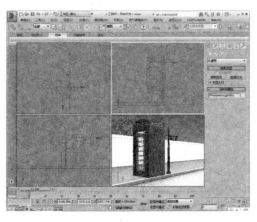 

👤 **专家技巧** 人工灯光的设置

　　在白昼表现路灯等人工照明光源时，可以适当提高灯光强度，避免灯光倍增过低，在场景中不明显。

Step 03 在灯光参数面板中设置灯光的各种参数，如下左图所示。

Step 04 渲染场景，可以观察到该灯光的照明效果和范围，如下右图所示。

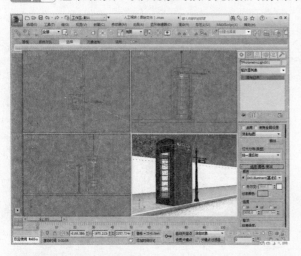 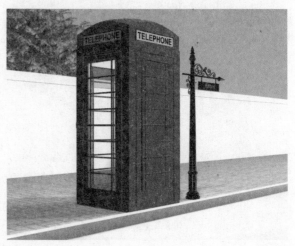

设计师训练营 **为卧室场景模型添加光源**

　　本章主要介绍了3ds Max中标准灯光以及光度学灯光的使用，下面来引导大家为现有的模型添加环境光源及辅助光源，使场景产生明暗对比以及阴影效果。下面将介绍其操作步骤。

Step 01 打开原始文件"卧室场景模型.max"，效果如下左图所示。

Step 02 直接渲染场景，观察场景在没有现有场景下的效果，如下右图所示。

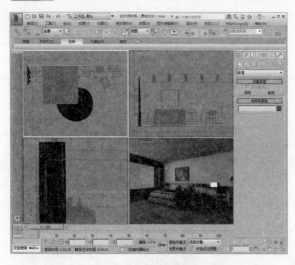 

Step 03 在场景中创建一盏光度学"目标灯光"，创建位置如下左图所示。

Step 04 在灯光参数面板中设置灯光的各种参数，并为其添加光域网，如下右图所示。

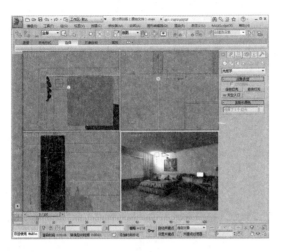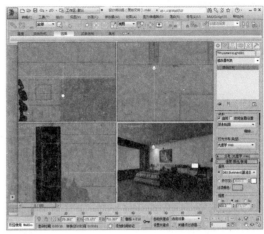

Step 05 复制灯光，并将其调整至合适位置，如下左图所示。

Step 06 渲染场景，可以看到添加射灯光源后的效果，如下右图所示。

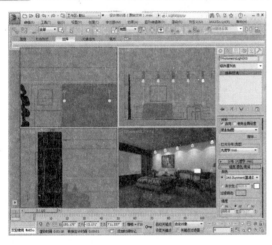

Step 07 再在场景中创建一盏光度学"目标灯光"，取消勾选"目标"复选框，并调整灯光参数，创建位置如下左图所示。

Step 08 复制灯光，调整至合适位置，渲染场景，效果如下右图所示。

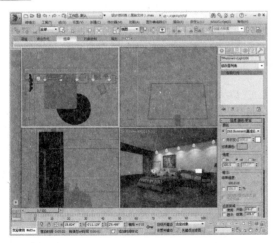

Step 09 打开"环境和效果"窗口，为背景添加环境贴图，在打开的"材质/贴图浏览器"中选择"渐变"，如下左图所示。

Step 10 打开"材质浏览器"，将环境贴图材质拖到其中，如下右图所示。

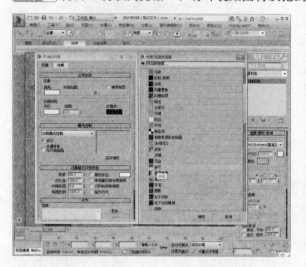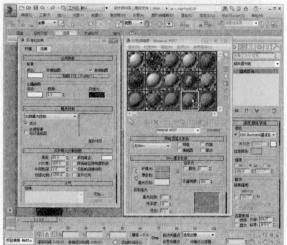

Step 11 在"材质浏览器"中调整渐变参数，如下左图所示，接着为颜色1添加"烟雾"贴图。

Step 12 适当调整烟雾参数，如下右图所示。

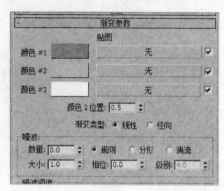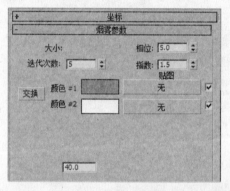

Step 13 渲染场景，可以看到添加灯光后的最终效果，如右图所示。

课后练习

1. 选择题

（1）以下哪一个不属于 3ds Max 中默认灯光类型（　　）。

A. Omni
B. Target Spot
C. Free Direct
D. Brazil-Light

（2）火焰\雾\光学特效效果可以在以下哪个视图中正常渲染（　　）。

A. Top
B. Front
C. Camera
D. Back

（3）下面哪种灯光不能控制发光范围（　　）。

A. 泛光灯
B. 聚光灯
C. 直射灯
D. 天光

（4）下面关于编辑修改器的说法正确的是（　　）。

A. 编辑修改器只可以作用于整个对象
B. 编辑修改器只可以作用于对象的某个部分
C. 编辑修改器可以作用于整个对象，也可以作用于对象的某个部分
D. 以上答案都不正确

2. 填空题

（1）3ds Max 的标准灯光分别是_____、自由聚光灯、_____、自由平行灯光、_____、天光、mr 区域泛光灯和 mr 区域聚光灯等多种标准灯光。

（2）添加灯光是场景描绘中必不可少的一个环节。通常在场景中表现照明效果应添加_____；若需要设置舞台灯光，应添加_____。

（3）3ds Max 的三大要素是建模、材质、_____。

（4）照明是将主灯光放置在_____的侧面，让主灯光照射物体，也叫 3/4 照明、1/4 照明或 45°照明。

3. 上机题

利用本章所学的知识，练习为如下左图所示的模型添加标准灯光。

操作提示

在场景中创建灯光对象时，建议基于真实世界中光源的发射原理来创建。

Chapter

08

渲染

　　本章将全面讲解有关渲染的相关知识，如渲染命令、渲染类型以及各种渲染的关键设置。同时还将介绍作为高级照明技术的光跟踪器和光能传递以及mental ray插件渲染器，通过对本章内容的学习，读者可以掌握有关渲染的操作方法与技巧。

重点难点

- 渲染器的设置
- 高级照明
- 常见渲染器插件
- 渲染器的应用

Section

01

渲染基础知识

渲染是3ds Max工作流程的最后一步，可以将颜色、阴影、大气等效果加入到场景中，使场景的几何体着色。完成渲染后可以将渲染结果保存为图像或动画文件。

01 渲染帧窗口

在3ds Max中进行渲染，都是通过"渲染帧窗口"来查看和编辑渲染结果的。3ds Max 2014的渲染帧窗口整合了相关的渲染设置，功能比以前的版本更加强大。如右图所示为新的渲染帧窗口。

渲染帧窗口中的主要功能介绍如下。

- 保存图像：单击该按钮，可保存在渲染帧窗口中显示的渲染图像。
- 复制图像：单击该按钮，可将渲染图像复制到系统后台的剪切板中。
- 克隆渲染帧窗口：单击该按钮，将创建另一个包含显示图像的渲染帧窗口。
- 打印图像：单击该按钮，可调用系统打印机打印当前渲染图像。
- 清除：单击该按钮，可将渲染图像从渲染帧窗口中删除。
- 颜色通道：可控制红、绿、蓝以及单色和灰色等颜色通道的显示。
- 切换UI叠加：激活该按钮后，当使用渲染范围类型时，可以在渲染帧窗口中渲染范围框。
- 切换UI：激活该按钮后，将显示渲染的类型、视口的选择等功能面板。

02 渲染输出设置

在"渲染设置"对话框中，不仅可以设定场景的输出时间范围、输出大小，也可以选择输出文件的格式。如右图所示为相关的参数面板。

- 时间输出：在该选项组中可以选择要渲染的具体帧。
- 输出大小：在该选项组中，可选择一个预定义的输出大小或自定义大小来影响图像的纵横比。

右键单击渲染帧窗口时，会显示渲染和光标位置的像素信息，如右图所示。

03　渲染类型

在默认情况下，直接执行渲染操作，可渲染当前激活视口，如果需要渲染场景中的某一部分，可以使用3ds Max提供的各种渲染类型来实现。3ds Max 2014将渲染类型整合到了"渲染设置"窗口中，如右图所示。

1．视图

"视图"为默认的渲染类型，执行"渲染＞渲染"命令，或单击工具栏上的"渲染产品"按钮，即可渲染当前激活视口。

2．选择对象

在"要渲染的区域"选项组中，选择"选定对象"选项，进行渲染，将仅渲染场景中被选择的几何体，渲染帧窗口的其他对象将保持完好。

3．范围

选择"区域"选项，在渲染时，会在视口中或渲染帧窗口上出现范围框，此时会仅渲染范围框内的场景对象。

4．裁剪

选择"裁剪"选项，可通过调整范围框，将范围框内的场景对象渲染输出为指定的图像大小。

5．放大

选择"放大"选项，可渲染活动视口内的区域并将其放大以填充渲染输出窗口。

Section 02　默认渲染器的设置

在"渲染设置"窗口中，除了提供输出的相关设置外，还可以对渲染工作流程进行全局控制，如更换渲染器、控制渲染内容等，同时还可以对默认的扫描线渲染器进行相关设置。

01　渲染选项

在"选项"选项组中，可以控制场景中的具体元素是否参与渲染，如大气效果或是渲染隐藏几何体对象等。如下右图所示为相关的参数面板。

- 大气：勾选该复选框，将渲染所有应用的大气效果。
- 效果：勾选该复选框，将渲染所有应用的渲染效果。
- 置换：勾选该复选框，将渲染所有应用的置换贴图。
- 视频颜色检查：勾选该复选框，可检查超出NTSC或PAL安全阈值的像素颜色，标记这些像素颜色并将其改为可接受的值。
- 渲染为场：勾选该复选框，为视频创建动画时，将视频渲染为场。
- 渲染隐藏几何体：勾选该复选框，将渲染包括场景中隐藏几何体在内的所有对象。
- 区域光源/阴影视作点光源：勾选该复选框，将所有的区域光源或阴影当作是从点对象所发出的进行渲染。
- 强制双面：勾选该复选框，可渲染所有曲面的两个面。
- 超级黑：勾选该复选框，可以限制用于视频组合的渲染几何体的暗度。

知识链接 渲染文件的保存

在完成渲染后保存文件时，只能将其保存为各种位图格式，如果保存为视频格式，将只有一帧的图画。

02 抗锯齿过滤器

抗锯齿过滤器可以平滑渲染时产生的对角线或弯曲线条的锯齿状边缘。在最终渲染和需要保证图像质量的样图渲染时，都需要启用该选项。

3ds Max 2014共提供了多种抗锯齿过滤器，如右图所示。

- Blackman：清晰但没有边缘增强效果的25像素过滤器。
- Catmull-Rom：具有轻微边缘增强效果的25像素重组过滤器。
- Cook变量：一种通用过滤器。参数值在1到2.5之间可以使图像清晰；更高的值将使图像模糊。
- Mitchell-Netravali：两个参数的过滤器；在模糊、圆环化和各向异性之间交替使用。
- 混合：在清晰区域和高斯柔化过滤器之间混合。
- 立方体：基于立方体样条线的25像素模糊过滤器。
- 清晰四方形：来自Nelson Max的清晰9像素重组过滤器。
- 区域：使用可变大小的区域过滤器来计算抗锯齿。
- 柔化：可调整高斯柔化过滤器，用于适度模糊。
- 视频：针对NTSC和PAL视频应用程序进行了优化的25像素模糊过滤器。
- 图版匹配/MAX R2：使用3ds Max R2.x的方法（无贴图过滤），将摄影机和场景或无光/投影元素与未过滤的背景图像相匹配。
- 四方形：基于四方形样条线的9像素模糊过滤器。

Section 03 高级照明

默认的扫描线渲染器支持高级照明选项，包括光跟踪和光能传递。在"渲染设置"窗口中的"高级照明"选项卡中，可对高级照明进行应用和选择。

01 光跟踪器

"光跟踪器"为明亮场景提供柔和边缘的阴影和映色，通常和天光配合使用。在"渲染设置"窗口的"高级照明"选项卡中，选择"光跟踪器"选项后，会出现相应的卷展栏参数，如右图所示。

- 全局倍增：用于控制总体照明级别。
- 天光：勾选该复选框，启用从场景中天光的重聚集，并可以控制强度值。
- 光线/采样：设置每个采样（或像素）投射的光线数目。
- 过滤器大小：用于减少效果中噪波的过滤器大小。
- 光线偏移：像对阴影光线跟踪偏移一样，可以调整反射光效果的位置。
- 对象倍增：控制由场景中的对象反射的照明级别。
- 颜色溢出：控制颜色溢出的强度。
- 颜色过滤器：过滤投射在对象上的所有灯光。
- 反弹：被跟踪的光线反弹数。
- 初始采样间距：图像初始采样的栅格间距，以像素为单位进行衡量。
- 细分对比度：确定区域是否应进一步细分的对比度阈值。
- 向下细分至：用于设置细分的最小间距。
- 显示采样：勾选该复选框，可将采样位置渲染为红色圆点。

🔄 **知识链接** 照明分析工具的应用

要了解灯光级别、分析数据并生成报告，需要使用"照明分析"工具，该工具提供有关材质反射比、透射比和亮度比的渲染数据。

02 光能传递

"光能传递"作为一种渲染技术，可以提供场景中灯光的物理性质精确模型，真实的模拟灯光在环境中相互作用的效果。

光能传递的应用主要包括三个阶段：初始质量设定、细化迭代控制和重聚集设置。在计算求解的处理过程中使用的是前两个阶段，而在最终渲染过程中则是使用的第三个阶段。

1．初始质量

在设置初始质量时，将通过本质上模拟真正的光子行为，来计算场景中漫反射照明的分布。使用的光线数量越多，解决方案的精确性就越高，同时会建立场景照明级别的整个外观。

2．细化迭代

初始质量阶段的采样具有随机性，往往会造成场景中较小的曲面或网络没有得到足够多的照明，而使场景产生黑斑，通过细化迭代参数设置，可以在每个曲面元素上重新聚集灯光。

3．重聚集

重聚集可以弥补由于原始模型的拓扑造成的不真实视觉效果。例如阴影的偏移，使用重聚集会明显增加最终图像的渲染时间，但会得到非常高的渲染质量。

下面将通过具体的实例来讲解如何使用光能传递渲染场景。

Step 01 打开原始文件"使用光能传递渲染场景.max"，如下左图所示。

Step 02 在"前"视口中创建一盏光度学"自由灯光"，创建位置如下右图所示。

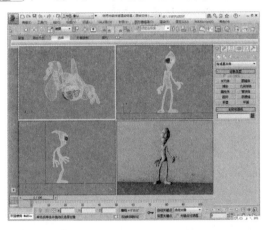 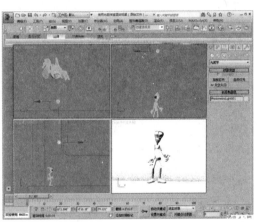

Step 03 在灯光的参数面板中设置相关参数，如下左图所示。

Step 04 渲染场景，可观察到未应用任何高级照明的渲染效果，如下右图所示。

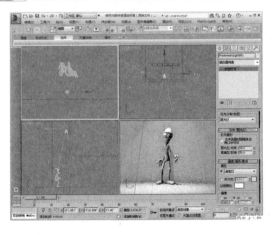 

Step 05 在"渲染设置"窗口的"高级照明"选项卡中选择"光能传递"选项，单击"开始"按钮进行计算求解，如下左图所示。

Step 06 计算求解完成之后，可观察到场景中的对象都被网格细分了，如下右图所示。

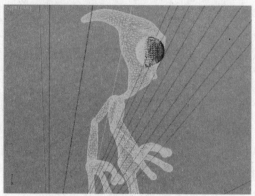

Step 07 渲染场景，可观察到默认的光能传递求解计算效果，如下左图所示。

Step 08 在"高级照明"选项卡中，展开"光能传递网络参数"卷展栏，设置相关参数，如下右图所示。

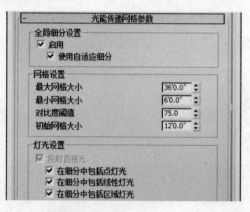

Step 09 重新进行求解计算，可观察到启用网格细分后场景对象的细分程度变得更大，如下左图所示。

Step 10 渲染场景，可观察到场景对象受光更加均匀，如下右图所示。

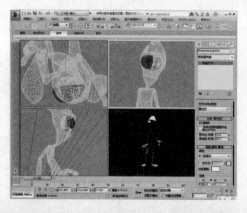

知识链接 光能传递算法

  在光能传递算法的早期版本中，必须完全计算网格元素中灯光的分布才能在屏幕上显示有用的结果，即使结果是独立的视图，预处理过程也会花费很多时间。

Step 11 在场景中选择塑像物体，然后通过右键菜单，执行"对象属性"命令，如下左图所示。

Step 12 在"对象属性"对话框的"高级照明"选项卡中，设置相关的网格细分参数，如下右图所示。

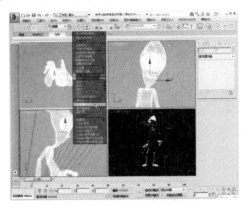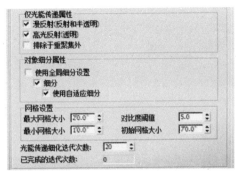

Step 13 重新进行求解计算，完成计算后可观察到塑像物体的细分程度变大，而其他对象则保持上一次的细分程度不变，如下左图所示。

Step 14 渲染场景，可观察细分程度加大后塑像的渲染效果，如下右图所示。

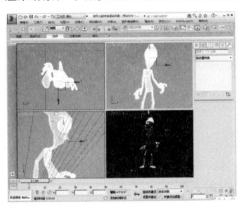

如果要使用重聚集，可在"渲染设置"窗口中，设置"渲染参数"卷展栏中的参数，如右图所示。

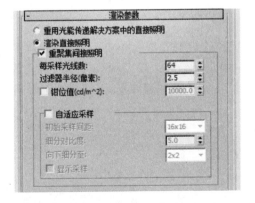

知识链接　**重聚集的应用**

如果要在渲染时使用重聚集，通常不需要执行优化阶段即可获得高质量的最终渲染。

知识链接　**光能传递与光线跟踪**

无论光能传递还是光线跟踪，两者都不能为模拟所有的全局照明效果提供完整的解决方案。光能传递在渲染从漫反射到漫反射的相互反射时更有优势，而光线跟踪则在渲染镜面反射方面更有优势。

Section 04 插件渲染器

在实际应用中，3ds Max自身的功能有时候还不能完全满足用户的各种需要，特别是渲染工作，默认的扫描线渲染器渲染的结果往往不能满足CG动画的高品质画面要求，这时就需要用到已经被整合到3ds Max中的mental ray渲染器或安装使用其他渲染器。

01 mental ray

mental ray是一款通用渲染器，可以生成灯光效果的物理校正模拟，包括光线跟踪反射和折射，同时还可以应用全局照明和生成焦散效果。

1. 简单的渲染设置

使用mental ray渲染器时，应确保渲染设置的全局光照和最终聚集处于启用状态，这样可以使渲染效果得到较高的质量。

- 全局光照：通过在场景中模拟光能传递来回反射灯光。
- 最终聚集：是用于计算全局照明的可选附加步骤，使用光子贴图计算全局照明可能会引起渲染的人工效果，用它则可以增加用于计算全局照明的光线数目。

> **知识链接** 关于mental ray渲染器的介绍
>
> 因为mental ray渲染器假定所有的平行光都来自于无穷远，所以3ds Max场景中，在平行光对象后面的对象也会被照明。

2. mental ray材质

要使用mental ray渲染器，不仅需要掌握应用方法和渲染参数，还需要了解相关的灯光和材质的使用。

mental ray不仅支持大多数3ds Max扫描线渲染器的材质，还提供了20余种专用材质类型。在"材质/贴图浏览器"对话框中，mental ray的材质类型显示为黄色标签，如下左图所示。

使用mental ray渲染器，同样有大量的程序贴图，在"材质/贴图浏览器"对话框中，带黄色标签的是仅对mental ray渲染器有效的贴图，如下右图所示。

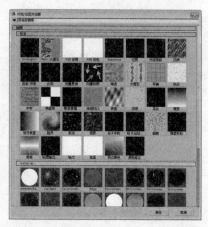

3．mental ray灯光

mental ray不仅支持3ds Max的大多数灯光照明，还提供了专用的区域泛光灯、区域聚光及天光入口灯光等，这些灯光的使用也仅对mental ray渲染器有效，使用方法与其他灯光相似。

- mr区域泛光灯：模拟球体或体积发射光线，类似标准的泛光灯。
- mr区域聚光灯：模拟从矩形或碟形区域发射光线。
- mr Sky门户：该灯光可以创建在例如室内场景的窗口处的场景位置，用于模拟天光对室内的影响。
- 太阳光：和mr天光组合使用，为专门启用物理模拟日光和精确渲染日光场景而设计。
- mr天光：和mr太阳光组合使用。
- mr物理天光：模拟物理天光，大多数参数对所有太阳和天空组件是通用的。

> **知识链接** 灯光的转化
>
> 可以使用 MAX-Script工具将标准3ds Max灯光对象转化为区域灯光。

02 VRay

VRay是最常用的外挂渲染器之一，支持的软件偏向于建筑和表现行业，如3ds Max、SketchUp、Rhino等。其渲染速度快、渲染质量高的特点已被大多数行业设计师所认同。

作为独立的渲染器插件，VRay在支持3ds Max的同时，也提供了自身的灯光材质和渲染算法，可以得到更好的画面计算质量。

1．VRay渲染器

VRay使用全局照明的算法对场景进行多次光线照明传播，使用不同的全局光照引擎，计算不同类型的场景，使渲染质量和渲染速度的控制上能达到理想的平衡。

- Irradiance map（发光图）：该全局光照引擎基于发光缓存技术，计算场景中某些特定点的间接照明，然后对其他点进行差值计算。
- Brute force（直接照明）：直接对每个着色点进行独立计算，虽然很慢，但这种引擎非常准确，特别适用于有许多细节的场景。
- Photon map（光子贴图）：是基于追踪从光源发射出来，并能在场景中来回反弹的光子，特别适用于存在大量灯光和较少窗户的室内或半封闭场景。
- Light cache（灯光缓存）：建立在追踪摄影机可见的光线路径基础上，每次光线反弹都会储存照明信息，与Photon map（光子贴图）类似，但具有更多的优点。

2．VRay灯光

VRay支持3ds Max的大多数灯光类型，但渲染器自带的VRayLight是VRay场景中最常用的灯光类型，该灯光可以作为球体、半球和面状发射光线。VRay灯光的面积越大、强度越高、距离对象越近，对象的受光越多。

> **知识链接** 关于灯光的介绍
>
> 灯光的一种理论是将灯光看作称为光子的离散粒子，光子从光源发出直到遇到场景中的某一曲面，根据曲面的材质，一些光子被吸收而另一些光子则被散射回环境中。

3．VRay材质

VRay材质通过颜色来决定对光线的反射和折射程度，同时也提供了多种材质类型和贴图，使渲染后的场景效果在细节上的表现更完美。

设计师训练营 **使用VRay渲染器渲染场景**

在学习了前面内容后，接下来将通过一个具体的渲染实例来讲解VRay渲染器的使用方法，其具体操作过程介绍如下。

Step 01 打开原始文件"使用VRay渲染器渲染场景.max"，如下左图所示。

Step 02 渲染场景，可观察到默认渲染器的渲染效果，如下右图所示。

Step 03 在"渲染设置"窗口中，更换渲染器为VRay渲染器，如下左图所示。

Step 04 在顶视图中进行日光的创建，创建效果如下右图所示。

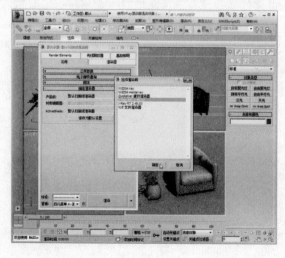 

Step 05 打开"渲染设置"窗口，展开"间接照明"卷展栏，选择全局光照引擎，如下左图所示。

Step 06 在"发光图"引擎的参数卷展栏中选择预置质量参数，如下右图所示。

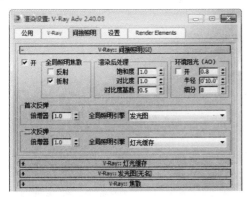 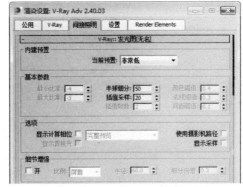

知识链接　发光贴图引擎

发光贴图引擎预置了非常低、低、中、高和非常高等预设质量参数，也允许用户自定义参数。

Step 07 展开"灯光缓存"卷展栏，在其中设置该全局光照引擎的参数，如下左图所示。

Step 08 渲染场景，可观察到应用全局光照后场景得到更好的照明效果，生成柔和的阴影，如下右图所示。

 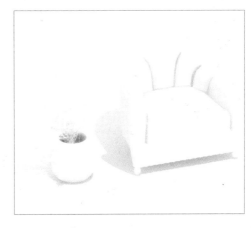

知识链接　VRay的曝光方式

VRay的曝光方式主要用于控制场景中较暗或较亮区域的明度。VRay的曝光方式包括线性曝光、指数曝光等多种曝光方式。

Step 09 切换到V-Ray选项卡，展开"颜色贴图"卷展栏，设置所需的曝光参数，如下左图所示。

Step 10 渲染场景，可观察到设置VRay曝光参数后的效果，如下右图所示。

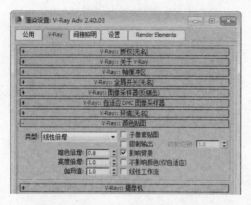

Step 11 在"图像采样器"卷展栏中，选择图像的采样类型并启用抗锯齿过滤器，如下左图所示。

Step 12 再次渲染场景，可观察到设置较高的图像采样质量参数后，最终得到了较好的画面效果，如下右图所示。

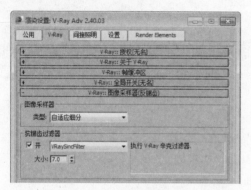

Step 13 可以看到场景中的光线仍然较强，对天光参数进行调整，如下左图所示。

Step 14 再次渲染场景，可观察到调整后的效果，如下右图所示。

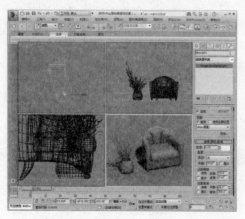

课后练习

1. 选择题

（1）渲染场景的快捷方式默认为（　　）。

　　A. F9　　　　　　　　　　B. F10

　　C. Shift+Q　　　　　　　D. F11

（2）以下哪一个为 3ds Max 默认的渲染器（　　）。

　　A. Scanline　　　　　　　B. Brazil

　　C. Vray　　　　　　　　D. Insight

（3）关于以下说法正确的是（　　）。

　　A. 弯曲修改器的参数变化不可以形成动画

　　B. Edit mesh中有3种次物体类型

　　C. 放样是使用二维对象形成三维物体

　　D. Scale 放样我们又称之为适配放样

（4）Render Scene 对话框中如果要对模型进行静画渲染应选择（　　）。

　　A. Range　　　　　　　　B. Single

　　C. Frames　　　　　　　D. Active Time Segment

2. 填空题

（1）单独指定要渲染的帧数应使用_____。

（2）渲染的种类有_____、渲染上次、_____、浮动渲染。

（3）渲染时，不能看到大气效果的视图是_____、顶视图。

（4）在渲染输出之前，要先确定好将要输出的视图。渲染出的结果是建立在_____的基础之上。

3. 上机题

利用本章所学的知识，渲染如下左图所示的场景。

操作提示

使用VRay渲染器渲染场景，需要同时使用VRay的灯光和材质，才能达到最理想的效果。

Chapter
09

客厅效果图的制作

　　本章结合了书中所介绍的3ds Max软件和VRay软件的相关知识，如新文件的创建、导入图形、合并图形、多边形建模、材质与灯光的设置以及渲染设置等，向读者展示其在室内设计领域家装案例中的实际操作。读者通过本章的学习，可以更加顺利地制作出效果图，并加强命令的使用方法和应用技巧。

重点难点

- 多边形建模
- 创建灯光
- 创建材质球
- 测试渲染设置以及出图渲染设置
- 后期处理

Section 01 制作流程

效果图的制作流程包括创建模型、设置光源、赋予材质以及渲染出图四个主要步骤，本案例为家庭客厅效果图的制作，整体造型简单大气，模型的制作相对而言也是比较简单的。

01 创建三维空间模型

本小节将介绍如何将CAD平面布局图导入到3ds Max 2014中，并根据平面布局图建立三维空间模型。

1．导入CAD平面布局图

建模前期首先要准备好CAD图纸，并将其导入到3ds Max中，其操作步骤如下。

Step 01 启动3ds Max 2014应用程序，执行"文件>保存"命令，如下左图所示。

Step 02 打开"文件另存为"对话框，选择文件存储位置，并输入文件名为"温馨客厅"，如下右图所示。

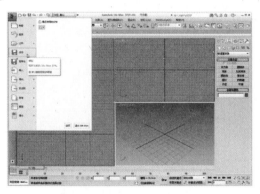 

Step 03 设置完成后单击"保存"按钮，即可创建名为"温馨客厅"的模型文件，在标题栏处即可看到保存后的名称，执行"文件>导入>导入"命令，如下左图所示。

Step 04 打开"选择要导入的文件"对话框，在本地硬盘上选择需要的CAD文件，这里选择"温馨客厅.dwg"文件，如下右图所示。

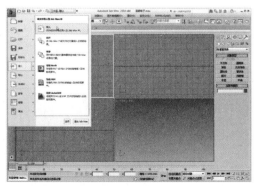 

Step 05 单击"打开"按钮，打开"AutoCAD DWG/DXF导入选项"对话框，保持默认设置，如下左图所示。

Step 06 单击"确定"按钮，即可将准备好的CAD平面布局图导入到3ds Max中，如下右图所示。

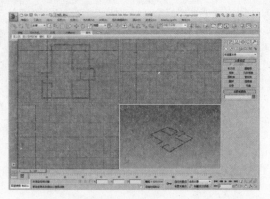

2. 创建客厅框架模型

将CAD平面布局图导入到3ds Max中之后，即可根据该布局图进行客厅框架模型的创建，由于本案例讲述的是客厅效果的制作，卧室门以及入户门都不会出现在摄像头的视野中，所以在创建框架模型时，可以省略进一步的细化，其操作步骤如下。

Step 01 按下Ctrl+A组合键，全选场景中导入的框线图形，接着执行"组>成组"命令，如下左图所示。

Step 02 打开"组"对话框，为其添加组名，并单击"确定"按钮，如下右图所示。

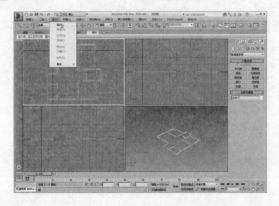

Step 03 单击工具栏中的"选择并移动"按钮，选择视图中的成组图形，然后在视图下方将X、Y、Z后的数值皆设置为0，将成组图形移动到系统坐标的原点处，如下左图所示。

Step 04 按下G键，即可隐藏视图中的栅格，以便更加轻松地观察视图，如下右图所示。

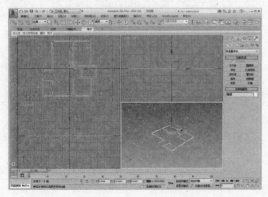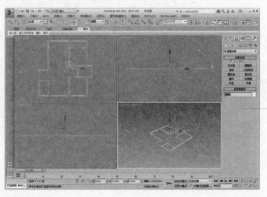

Step 05 选择视图中的成组图形，并单击鼠标右键，在弹出的快捷菜单中选择"冻结当前选择"命令，如下左图所示。

Step 06 将该对象冻结，单击 "捕捉开关"按钮，开启捕捉开关，再右键单击该按钮，打开"栅格和捕捉设置"对话框，在"捕捉"选项卡中选择捕捉点，再在"选项"选项卡中勾选"捕捉到冻结对象"复选框，如下右图所示。

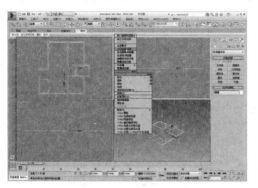
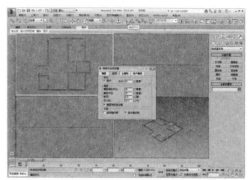

Step 07 最大化显示顶视图，关闭"栅格和捕捉设置"对话框，单击创建命令面板中的"线"按钮，在视图中沿冻结线框边沿创建封闭样条线，当起点和终点重合时会弹出"样条线"提示对话框，单击"是"按钮即可闭合样条线，如下左图所示。

Step 08 选择该样条线，在修改器列表中选择"挤出"修改器，如下右图所示。

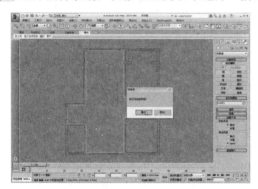
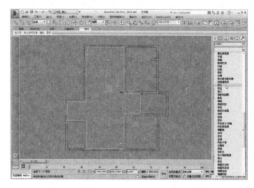

Step 09 为其添加"挤出"效果，将挤出数量设置为2750，最大化显示透视视图，即可看到挤出后的效果，如下左图所示。

Step 10 单击关闭"捕捉开关"按钮，选择并右键单击挤出后的图形，在弹出的快捷菜单中选择"转换为"命令，在其级联菜单中选择"转换为可编辑多边形"命令，如下右图所示。

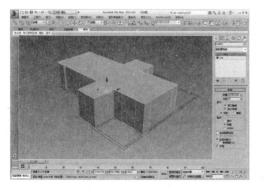
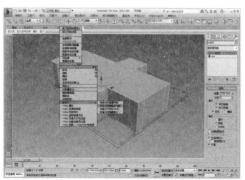

Step 11 进入到"修改"命令面板，打开"可编辑多边形"列表，单击"多边形"选项，在视图中选择全部图形，则图形显示为红色选中状态，在"修改"命令面板中的"编辑多边形"卷展栏中单击"翻转"按钮，如下左图所示。

Step 12 即可将物体法线进行翻转，用户可以观察到模型内部的结构，如下右图所示。

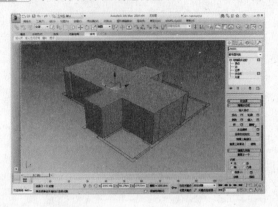 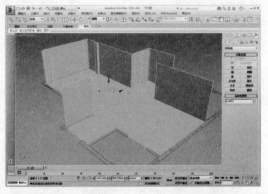

Step 13 在"修改"命令面板中单击"边"选项，在图形中选择需要的边，接着按住Ctrl键进行加选，如下左图所示。

Step 14 在"编辑边"卷展栏中单击"连接设置"按钮，在弹出的"连接边"设置面板中设置"分段"数值为2，在视图中可以看到，在选中的两条边之间自动创建了两条边，如下右图所示。

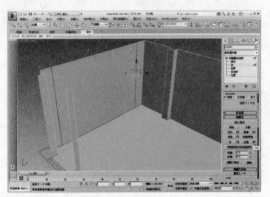 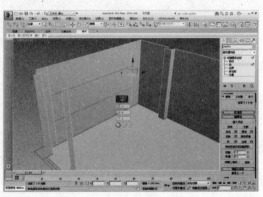

Step 15 单击"确定"按钮，即可完成连接边的创建，选择位于上方的连接边，在视图下方将Z轴的数值设置为2450，按Enter键确认即可调整连接边的高度，如下左图所示。

Step 16 在按照同样的方法将下方的连接边高度设置为960，如下右图所示。

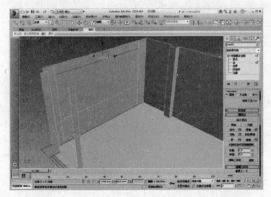 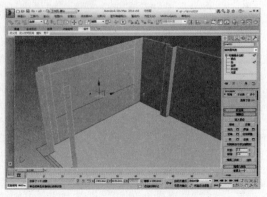

专家技巧 上述操作注意事项

如果选择边后直接单击"连接"按钮,将不会打开"连接边"对话框,而是直接在两条边之间创建一条连接边。

Step 17 单击"可编辑多边形"列表下的"多边形"选项,选择图形中的多边形,在"编辑多边形"卷展栏中单击"挤出设置"按钮,打开"挤出多边形"对话框,设置其挤出高度为-240,将多边形向反方向挤出,在视图中可看到挤出后的效果,如下左图所示。

Step 18 单击"确定"按钮关闭对话框,完成多边形的挤出,保持该多边形的选中状态,在键盘上按Delete键将其删除,形成窗洞,如下右图所示。

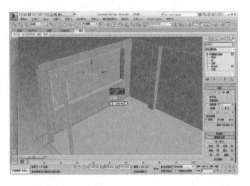
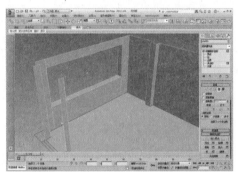

Step 19 按照上面的操作步骤,创建另外一个窗洞,如右图所示。

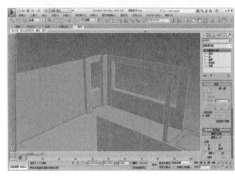

3. 创建室内立面模型

框架模型创建完毕后,用户可以开始创建各种室内可创建物体,如吊顶、背景墙造型、隔断、窗户、地台等,其操作步骤如下。

Step 01 最大化显示前视图,开启捕捉开关,单击"创建"命令面板中的"矩形"按钮,绘制1490×3660的矩形,如下左图所示。

Step 02 关闭捕捉开关,复制矩形,并调整矩形尺寸及位置,如下右图所示。

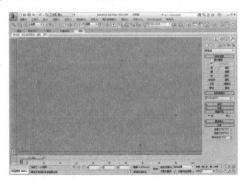
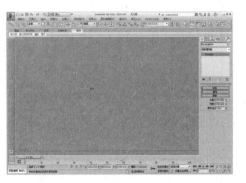

Step 03 按照前面的操作方法，再次复制一个矩形并调整其位置，如下左图所示。

Step 04 单击鼠标右键，将矩形转换为可编辑样条线，进入"修改"命令面板，选择"样条线"选项，在"几何体"卷展栏中单击"附加"按钮，如下右图所示。

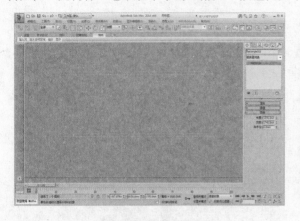 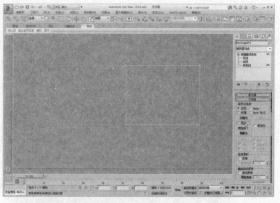

Step 05 附加选择另外两个矩形，在修改器列表中单击"挤出"按钮，如下左图所示。

Step 06 最大化显示透视视图，在"参数"卷展栏中设置数量值为100，并调整其位置，如下右图所示。

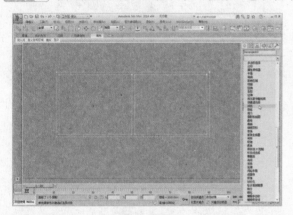 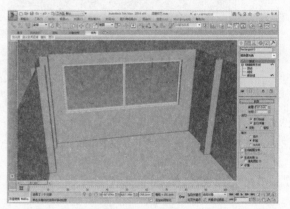

Step 07 开启捕捉开关，在前视图中绘制矩形，并将其转换为可编辑样条线，进入"修改"命令面板，选择"样条线"选项，在"几何体"卷展栏中设置轮廓值为60，如下左图所示。

Step 08 在修改器列表中选择"挤出"命令，在"参数"卷展栏中设置数量值为40，切换到透视视图，如下右图所示。

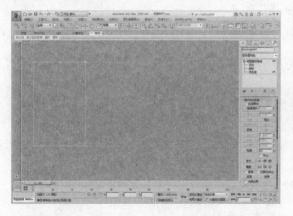 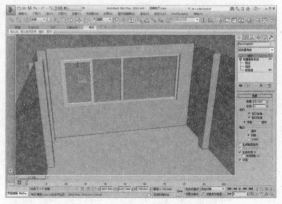

Step 09 在"创建"命令面板中单击"长方体"按钮，创建1250×750×12的长方体，并适当调整其位置，完成一扇窗户的创建，如下左图所示。

Step 10 选择并复制窗户，并适当调整其位置，如下右图所示。

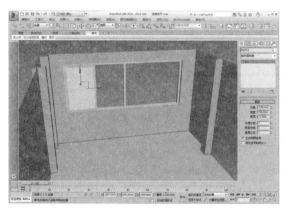 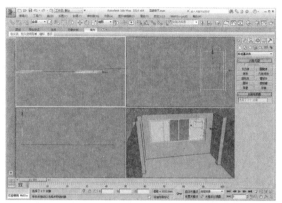

Step 11 按照上面的操作方法，完成另一扇窗户的创建，如下左图所示。

Step 12 开启捕捉开关，在"创建"命令面板中单击"长方体"按钮，在顶视图中创建280×4020×-300的长方体，如下右图所示。

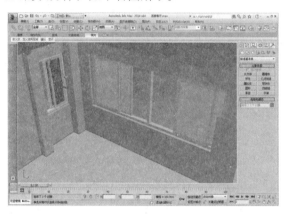 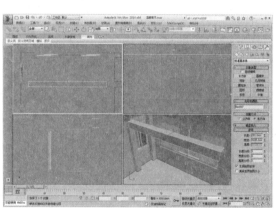

Step 13 再创建两个280×300×300的长方体，并适当调整其位置，如下左图所示。

Step 14 在"创建"命令面板中单击"线"按钮，在顶视图中创建样条线，选择"顶点"选项，设置所有顶点在Z轴的值为0，如下右图所示。

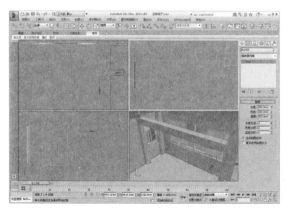 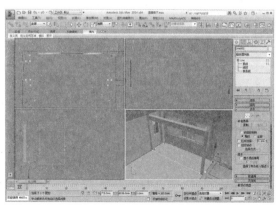

Step 15 在修改器列表中单击"挤出"按钮，设置挤出值为150，创建出地台，如下左图所示。

Step 16 在"创建"命令面板中单击"长方体"按钮，在顶视图中创建4000×40×2000的长方体，并适当调整其位置，如下右图所示。

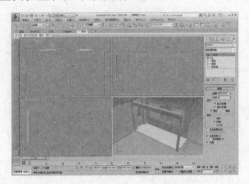 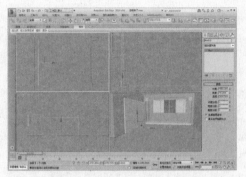

Step 17 在"创建"命令面板中单击"长方体"按钮，创建2500×400×150的长方体作为电视柜，并适当调整其位置，如下左图所示。

Step 18 在"创建"命令面板中单击"长方体"按钮，创建5000×400×60的长方体作为吊顶，并适当调整其位置，如下右图所示。

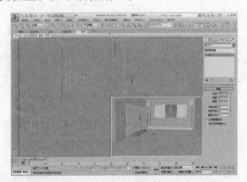 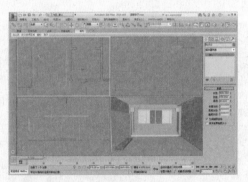

专家技巧 建模的原则

在创建模型时，无需在视野中显示的物体，可以不用创建，以减轻渲染负担。

Step 19 在"创建"命令面板中单击"长方体"按钮，创建2400×240×250的长方体作为横梁，并适当调整其位置，如下左图所示。

Step 20 按照创建窗户的操作方法，创建出2500×800的隔断，如下右图所示。

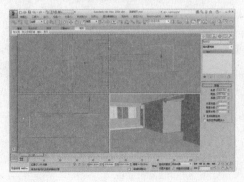 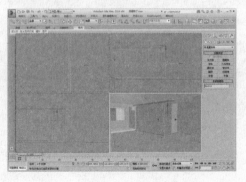

4．创建门框及踢脚线

下面接着要利用放样命令创建门框及踢脚线造型，再将多边形分成顶部、墙体和地面三个部分，由于电视背景墙处的墙纸与其他墙面不同，因此墙体还要分成两个部分，其操作步骤如下。

Step 01 选择多边形，进入"修改"命令面板，选择"多边形"选项，选择视图中的地面，在"编辑几何体"卷展栏中单击"分离"按钮，如下左图所示。

Step 02 打开"分离"对话框，在"分离为"文本框中输入分离后的名称"地面"，单击"确定"按钮即可分离出地面，如下右图所示。

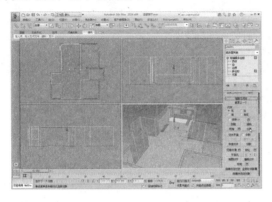 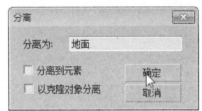

Step 03 按照上述操作方法分离出"顶面"多边形，选择顶面效果如下左图所示。

Step 04 单击"创建"命令面板中的"线"按钮，在前视图中绘制踢脚线的放样截面，如下右图所示。

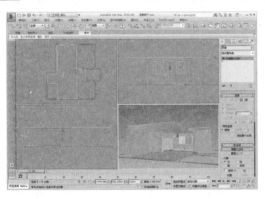 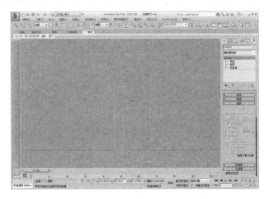

Step 05 选中样条线，进入"修改"命令面板，单击"顶点"选项，选择部分顶点并右键单击，在弹出的快捷菜单中选择"平滑"命令，如下左图所示。

Step 06 单击确定后，即可看到顶点平滑后的效果，适当调整顶点位置，如下右图所示。

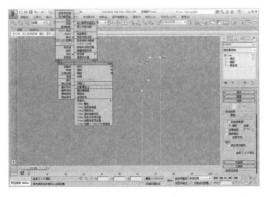 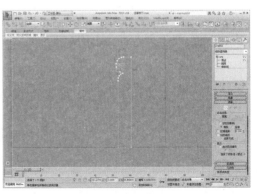

Step 07 切换到顶视图，开启捕捉开关，单击"创建"命令面板中的"线"按钮，绘制出踢脚线的放样路径，如下左图所示。

Step 08 保持放样路径的选中状态，在"创建"列表中设置"几何体"类型为"复合对象"，单击"创建"命令面板中的"放样"按钮，在"创建方法"卷展栏中单击"获取图形"按钮，然后在前视图中拾取放样截面，如下右图所示。

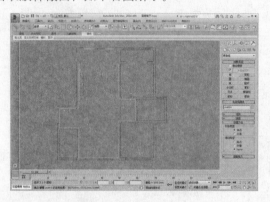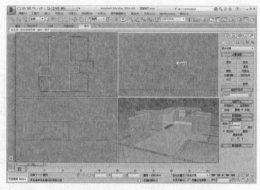

Step 09 此时视图中将生成新的放样对象，可以看到生成的踢脚线图形显示方向出现错误，如下左图所示。

Step 10 进入"修改"命令面板，选择"Loft"下的"图形"选项，选择整个放样对象，右键单击"选择并旋转"按钮，打开"旋转变化输入"对话框，设置Y轴偏移值为-180，如下右图所示。

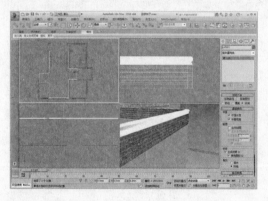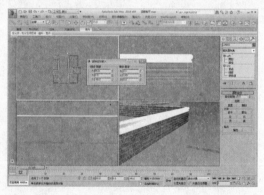

Step 11 按Enter键确认，关闭对话框，可以看到踢脚线的图形方向已经调整好，适当调整踢脚线的顶点位置及踢脚线位置，如下左图所示。

Step 12 在"修改"命令面板中展开"曲面参数"卷展栏，取消勾选"平滑长度"复选框，如下右图所示。

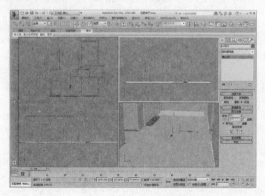

Step 13 将视图中的物体以线框的形式进行显示，这样可以观察到物体的段数，在"蒙皮参数"卷展栏中将"图形步数"设置为1，"路径步数"设置为1，然后勾选"优化图形"复选框，即可将放样对象的段数进行精减，如下左图所示。

Step 14 再使用同样的方法创建出门套即可，如下右图所示。

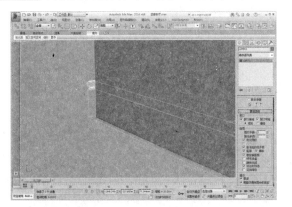 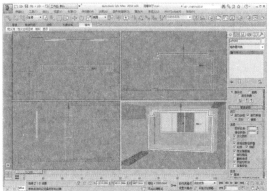

专家技巧 模型段数的合理控制

合理地控制模型的段数是非常有用的技术，这样可以有效地提高工作效率，减轻计算机的负担，加快渲染速度。

5. 合并成品模型

随着软件的不断更新以及网络的普及，有很多日常用到的模型，用户可以直接在网上下载，无须自己再进行建模。下载到的模型较自己创建出的模型更为精细真实，大大节省了用户的时间。在本案例中室内建模完毕后，用户即可将成品模型合并到当前场景中，其操作步骤如下。

Step 01 执行"文件>导入>合并"命令，如下左图所示。

Step 02 打开"合并文件"对话框，选择合适的模型文件，单击"打开"命令，如下右图所示。

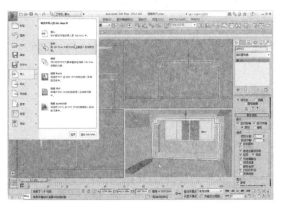 

Step 03 打开"合并"对话框，在列表中选择沙发组合模型，单击"确定"按钮，如下左图所示。

Step 04 如此即可将模型合并入到当前场景中，适当调整其位置，效果如下右图所示。

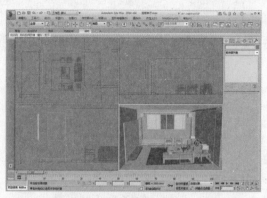

Step 05 照此步骤导入其他模型，如灯具、电视机、窗帘、装饰品等，并进行适当调整，效果如右图所示。

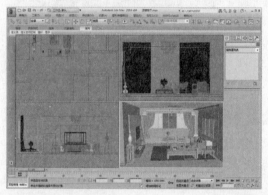

专家技巧 导入模型的注意事项

本场景中合并的室内模型比例是事先按照实际尺寸调整好的，读者在日常操作中一定要根据当前场景的比例，运用缩放工具对导入模型的比例进行合理调整。

6. 创建摄影机及渲染设置

下面来介绍如何创建摄影机并确定观察场景的角度以及测试渲染的设置，其操作步骤如下。

Step 01 最大化显示顶视图，单击"摄影机"创建命令面板中的"目标"按钮，在顶视图中创建一架摄影机，如下左图所示。

Step 02 在"参数"卷展栏中设置镜头数值为24，切换到左视图，再选择整个摄影机，在视口下方将Z轴的数值设置为1100，如下右图所示。

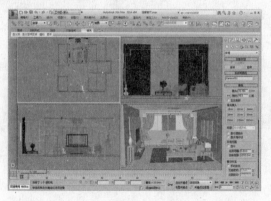
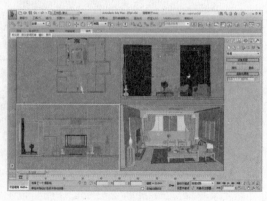

Step 03 选择摄影机头，单击鼠标右键，在弹出的快捷菜单中选择"应用摄影机校正修改器"命令，如下左图所示。

Step 04 选择透视视图，按下C键将视图转换为摄影机视图，适当调整摄影机头，使透视视图的画面美观饱满，如下右图所示。

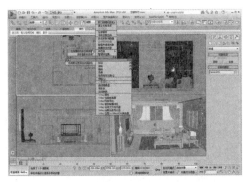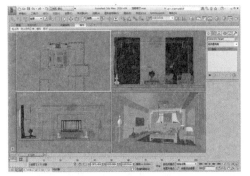

Step 05 执行"渲染>渲染设置"命令，打开"渲染设置"对话框，切换到V-Ray选项卡，在"V-Ray::全局开关"卷展栏中，选择关闭"默认灯光"，如下左图所示。

Step 06 在"V-Ray::图像采样器"卷展栏中，设置图像采样器类型为"固定"，取消并启抗锯齿过滤器，如下右图所示。

Step 07 切换到"间接照明"选项卡，在"V-Ray::间接照明"卷展栏中开启间接照明，设置"首次反弹"的全局光引擎为"发光图"，设置"二次反弹"的全局光引擎为"灯光缓存"，如下左图所示。

Step 08 打开"V-Ray::发光图"卷展栏，设置当前预置为"非常低"、"半球细分"值为30、"插补采样"值为10，并勾选"显示计算相位"和"显示直接光"复选框，如下右图所示。

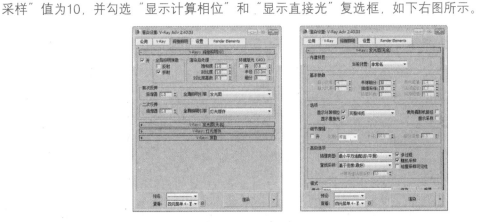

Step 09 打开 "V-Ray::灯光缓存" 卷展栏，设置 "细分" 值为100，勾选 "存储直接光" 和 "显示计算相位" 复选框，如下左图所示。

Step 10 切换到 "公用" 选项卡，在 "公用参数" 卷展栏下方取消勾选 "渲染帧窗口"，并设置输出大小的宽度值和高度值都为1，如下右图所示。

Step 11 切换到 "V-Ray" 选项卡，打开 "V-Ray::帧缓冲区" 卷展栏，勾选 "启用内置帧缓冲区" 复选框，取消勾选 "从MAX获取分辨率" 复选框，再单击 "640×480" 按钮，如右图所示。

（知识链接） **内置帧缓冲器的使用**

勾选内置帧缓冲器将使用VR渲染器内置的帧缓冲器，VR渲染器不会渲染任何数据到3ds Max自身的帧缓存窗口，而且可以减少占用系统内存。

02 创建并设置光源

此场景为正午太阳光高照的情景，场景中拥有室内光源和户外光源两种光源来源。户外光源包括环境光源和太阳光源，室内光源包括吊灯、台灯、灯带和射灯光源。户外光源为主光源，设置完户外光源后，用户再根据需要添加室内辅助光源。

1. 创建环境光源

白日的光线较强，场景对于环境光源的依赖较强，用户需要创建VR阳光作为场景主光源，另外还需要对场景中的对象赋予测试材质，方便创建灯光以及快速渲染，其操作步骤如下。

Step 01 按M键打开"材质编辑器"对话框，选择一个材质球，命名为为"测试"，单击Standard按钮，打开"材质/贴图浏览器"，在"V-Ray"卷展栏中选择VRayMtl材质球，如下左图所示。

Step 02 单击"确定"按钮，创建出VRayMtl材质球，默认设置选项，如下右图所示。

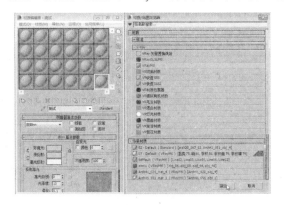 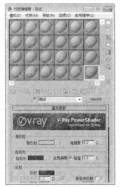

Step 03 全选场景中的物体，单击"将材质指定给选定对象"按钮，将"测试"材质赋予到场景中，如下左图所示。

Step 04 单击"灯光"创建命令面板中的"VR灯光"按钮，在前视图中创建一盏灯，强度倍增器值为6，颜色设置为浅蓝色（色调：155；饱和度：135；亮度：250），大小为1700×650，勾选"投射阴影"、"不可见"、"忽略灯光法线"、"影响漫反射"、"影响高光反射"复选框，如下右图所示。

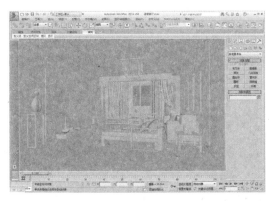 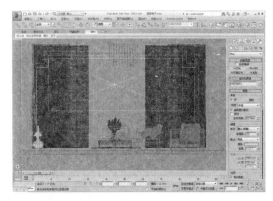

Step 05 移动VR灯光至窗户处，并适当调整其位置，如下左图所示。

Step 06 单击"灯光"创建命令面板中的"VR太阳"按钮，在左视图中创建VR太阳光，会弹出一个提示对话框，询问是否添加VR天空环境贴图，单击"否"按钮，如下右图所示。

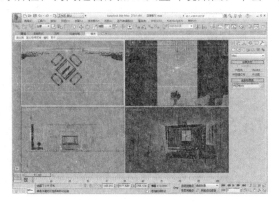 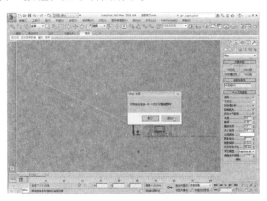

Step 07 在"VRay太阳参数"卷展栏中勾选"影响漫反射"、"影响高光"、"投射大气阴影"复选框,设置强度倍增值为0.015、大小倍增值为5.0、阴影细分值为8,其余为默认,如下左图所示。

Step 08 适当调整VR太阳光的位置及角度,隐藏窗户玻璃对象,渲染摄影机视口,效果如下右图所示。

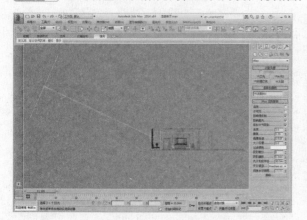 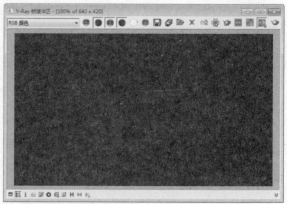

Step 09 从渲染效果中可以看到,由于没有添加天空环境贴图,场景就像是夜晚氛围,在"创建"命令面板中单击"平面"按钮,在前视图中创建3500×8000的平面,并将其调整至合适位置,如下左图所示。

Step 10 按M键打开材质编辑器,选择一个空白材质球,命名为"天空",设置为VR灯光材质,颜色强度设置为1.2,并为其添加天空贴图,其余设置为默认,如下右图所示。

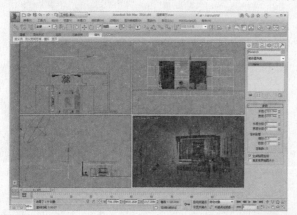 

Step 11 单击材质编辑器中的"将材质指定给选定对象"按钮,将材质赋予到对象,渲染摄影机视口,效果如右图所示。

2. 创建辅助光源

如果渲染夜晚氛围，室内的灯光光源就是场景主光源，但是在白天氛围就只能作为辅助光源，下面将介绍其操作步骤。

Step 01 单击"灯光"创建命令面板中的"VR灯光"按钮，在前视图中创建一盏灯，强度倍增器值为2，颜色设置为浅蓝色（色调：155；饱和度：135；亮度：250），大小为1200×600，勾选"投射阴影"、"不可见"、"忽略灯光法线"、"影响漫反射"、"影响高光反射"复选框，采样细分值为30，如下左图所示。

Step 02 适当调整位置及方向，将灯光移动至门洞位置，如下右图所示。

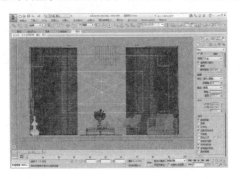 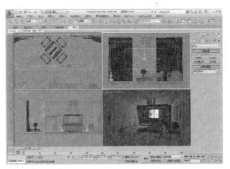

Step 03 再创建VR灯光作为灯带光源，设置强度倍增器值为2，颜色为浅黄色（色调：25；饱和度：130；亮度：255），大小为20×1050，勾选"投射阴影"、"不可见"、"忽略灯光法线"、"影响漫反射"、"影响高光反射"复选框，采样细分值为25，如下左图所示。

Step 04 适当调整位置及方向，将灯光移动至电视背景墙后，如下右图所示。

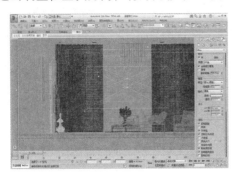 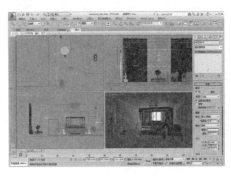

Step 05 再创建另外两处灯带光源，灯光强度及颜色同上，大小及方向根据情况进行调整，将材质赋予到对象，渲染摄影机视口，效果如下左图所示。

Step 06 单击"灯光"创建命令面板中的"VRay IES"按钮，在前视图中创建一盏灯，为其添加光域网"窄光束射灯-渐变光斑"，设置功率为800，其余为默认设置，如下右图所示。

 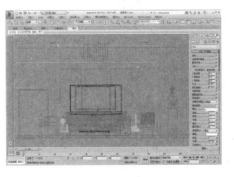

Step 07 适当调整灯光的位置及方向，如下左图所示。

Step 08 复制多个VRay IES灯光，并调整灯光高度及角度等，如下右图所示。

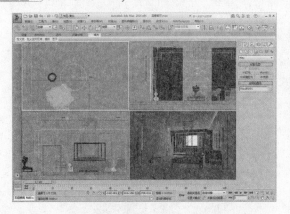 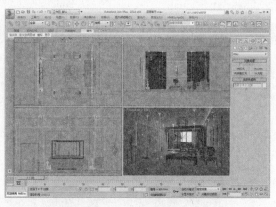

Step 09 渲染摄影机视口，效果如下左图所示。

Step 10 单击"灯光"创建命令面板中的"VR灯光"按钮，在顶视图中创建一盏灯，强度倍增器值为2.5，颜色设置为浅蓝色（色调：25；饱和度：100；亮度：255），大小为1000×1200，勾选"投射阴影"、"不可见"、"忽略灯光法线"、"影响漫反射"、"影响高光反射"复选框，采样细分值为30，如下右图所示。

 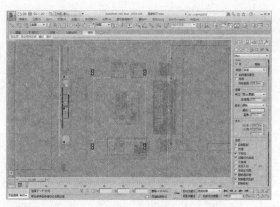

Step 11 适当调整灯光高度及方向，如下左图所示。

Step 12 照此步骤再创建一个VR灯光，修改设置强度倍增器值为3，颜色为浅蓝色（色调：150；饱和度：130；亮度：255），大小为800×1000，采样细分值为30，渲染摄影机视口，效果如下右图所示。

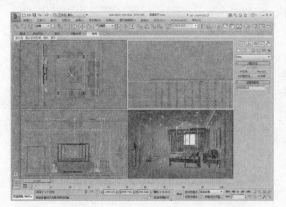 

Step 13 单击灯光创建命令面板中的"VR灯光"按钮，在顶视图中创建一盏灯，设置类型为"球体"，强度倍增器值为20，颜色设置为浅蓝色（色调：25；饱和度：100；亮度：255），半径大小为60，勾选"投射阴影"、"不可见"、"忽略灯光法线"、"影响漫反射"、"影响高光反射"、"影响反射"复选框，采样细分值为25，如下左图所示。

Step 14 适当调整灯光高度及方向，如下右图所示。

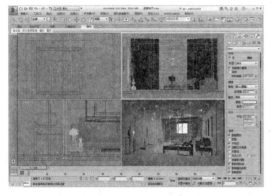
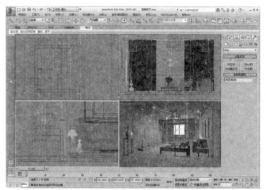

Step 15 复制灯光，移动至另一只台灯处，渲染摄影机视口，效果如右图所示。

03 设置并赋予材质

本章节主要讲述了为客厅场景中的所有对象分别赋予材质，材质的设置是制作效果图的关键之一，只有材质设置到位，才能表现出场景的真实性。

1. 设置灯具材质

下面将介绍如何设置吊灯和台灯灯罩材质。吊灯为水晶吊灯，含有水晶材质、自发光材质及镜面不锈钢材质，台灯含有灯罩材质及镜面不锈钢材质，射灯含有不锈钢材质及自发光材质，下面将介绍其操作步骤。

Step 01 为了便于观察场景，可以将场景中创建的灯光、摄影机、二维样条线进行隐藏。进入"显示"命令面板，在"按类别隐藏"卷展栏中勾选"图形"、"灯光"及"摄影机"复选框，如下左图所示，则场景中此类物体将会被隐藏。

Step 02 首先创建台灯材质，打开材质编辑器，选择新的材质球，命名为灯罩，单击Standard按钮，在弹出的"材质/贴图浏览器"对话框中选择VRayMtl材质，如下右图所示。

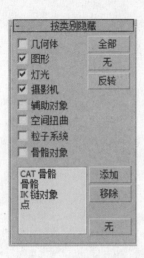
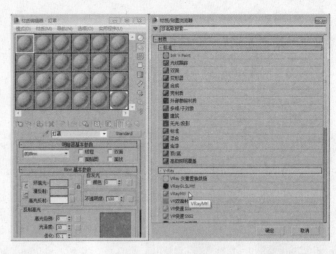

Step 03 创建VRayMtl材质球，灯罩需要透光，因此是半透明的，设置漫反射颜色为白色，折射颜色为灰色（色调：0；饱和度：0；亮度：120），光泽度为0.88，再勾选"影响阴影"复选框，如右1图所示。

Step 04 创建名为"不锈钢"的VRayMtl材质球，设置反射颜色为白色，高光光泽度为0.8，反射光泽度为0.9，细分值为15，如右2图所示。

Step 05 选择台灯，将材质分别赋予到对象，渲染摄影机视口，效果如右图所示。

Step 06 创建名为"水晶"的VRayMtl材质球，设置漫反射颜色为白色，反射值（色调：0；饱和度：0；亮度：30），反射光泽度为0.95，细分值为15，折射值（色调：0；饱和度：0；亮度：255），如下左图所示。

Step 07 选择材质球，命名为"自发光"，为其选择VR灯光材质，设置颜色强度值为1.5，如下右图所示。

Step 08 选择吊灯，分别赋予材质到对象，渲染摄影机视口，效果如下左图所示。

Step 09 再将材质分别赋予到射灯及牛眼灯上，渲染摄影机视口，效果如下右图所示。

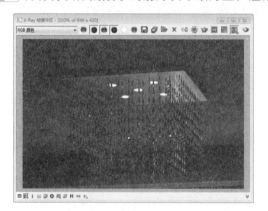

2. 设置窗户及窗帘材质

本案例中的窗帘材质有两种，一种是白色半透明轻纱，纱帘只有在半透明的状态下，来自户外的光源才能穿透进室内，另一种是咖啡色遮光窗帘，下面将介绍其操作步骤。

Step 01 创建名为"白色窗帘"的VRayMtl材质球，设置漫反射颜色为白色，反射细分值为15，折射颜色为白色，光泽度为0.85，折射细分值为10，勾选"影响阴影"复选框，如下左图所示。

Step 02 打开"贴图"卷展栏，为折射通道添加衰减贴图，设置上方颜色为白色，下方颜色为黑色，如下右图所示。

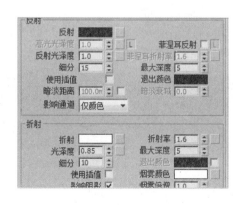
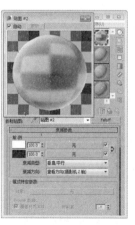

Step 03 创建名为"咖啡色窗帘"的VRayMtl材质球,设置折射颜色为深灰色(色调:0;饱和度:0;亮度:5),折射细分值为10,勾选"影响阴影"复选框,打开"贴图"卷展栏,在漫反射通道中为其添加衰减贴图,在"衰减参数"卷展栏中添加位图贴图,设置侧面参数强度值为50,衰减类型为Fresnel,如下左图所示。

Step 04 选择窗帘,分别赋予材质到对象,渲染摄影机视口,效果如下右图所示。

Step 05 创建名为"窗框"的VRayMtl材质球,设置漫反射颜色为深灰色(色调:0;饱和度:0;亮度:5),反射颜色为白色,高光光泽度为0.75,反射光泽度为0.88,打开"贴图"卷展栏,为反射通道添加衰减贴图,在"衰减参数"卷展栏中设置侧面颜色为浅蓝色(色调:155;饱和度:155;亮度:230),衰减类型为"Fresnel",如右1图所示。

Step 06 创建名为"玻璃"的VRayMtl材质球,漫反射颜色为默认,设置折射颜色为白色,打开"贴图"卷展栏,为反射通道添加衰减贴图,设置衰减类型为Fresnel,如右2图所示。

Step 07 取消隐藏窗户玻璃对象,选择窗户,分别赋予材质到对象,渲染摄影机视口,效果如右图所示。

🔄 知识链接　阴影的投射效果

　　在设置窗帘及玻璃的折射值时,要考虑到阴影的投射,勾选"影响阴影"复选框,可以显示阳光透过窗帘及玻璃的投影效果。

3. 设置顶面、墙面及地面材质

本案例中的顶面材质为白色乳胶漆，墙面材质主要是壁纸以及电视背景墙的石材材质，壁纸包括两种花纹，地面材质为复合地板材质，这几种材质都具有一定的反射及光泽，在创建时需要注意，下面将介绍其操作步骤。

Step 01 创建名为"白色乳胶漆"的VRayMtl材质球，设置漫反射颜色为偏白色（色调：0；饱和度：0；高光：245），反射颜色为灰色（色调：0；饱和度：0；高光：20），反射光泽度为0.65，反射细分值为15，打开"选项"卷展栏，仅勾选"跟踪折射"、"使用发光图"复选框，如下左图所示。

Step 02 创建名为"壁纸1"的VRayMtl材质球，设置反射颜色为灰色（色调：0；饱和度：0；高光：15），反射光泽度为0.2，打开"贴图"卷展栏，分别为漫反射通道及凹凸通道添加贴图，设置凹凸强度值为50，如下右图所示。

Step 03 按照"壁纸1"材质球的设置创建"壁纸2"材质球，更换漫反射通道的贴图，其他设置与"壁纸1"材质球相同，如下左图所示。

Step 04 选择建筑多边形，分离出主体墙面，将"壁纸1"材质赋予到对象，并为其添加UVW贴图，在"参数"卷展栏中设置贴图模式为"长方体"，长度值为800，宽度值为0，高度值为800，如下右图所示。

Step 05 再为顶面赋予材质，为剩余的墙面赋予"壁纸2"材质，为其添加UVW贴图，在"参数"卷展栏中设置贴图模式为"长方体"，长度值为800，宽度值为800，高度值为800，如下左图所示。

Step 06 创建名为"大理石"的VRayMtl材质球，设置反射颜色为灰色（色调：0；饱和度：0；高光：160），高光光泽度为0.75，反射光泽度为0.95，反射细分值为16，勾选"菲涅尔反射"复选框，打开"贴图"卷展栏，为漫反射通道添加贴图，如下右图所示。

Step 07 打开"位图参数"卷展栏，单击"查看图像"按钮，在打开的"指定裁剪/放置"对话框中设置贴图的大小，如下左图所示。

Step 08 选择电视背景墙，为其赋予材质，并添加UVW贴图，在"参数"卷展栏中设置贴图模式为"长方体"，长度值为850，宽度值为200，高度值为750，如下右图所示。

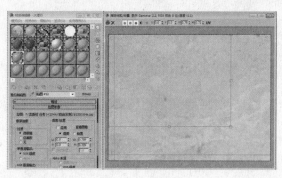 

Step 09 本案例中的电视柜与阳台门套的材质也是大理石，选择电视柜，为其赋予材质，并设置UVW贴图，在"参数"卷展栏中设置贴图模式为"长方体"，长度值为650，宽度值为400，高度值为150，如下左图所示。

Step 10 选择电视柜，为其赋予材质，并设置UVW贴图，在"参数"卷展栏中设置贴图模式为"长方体"，长度值为650，宽度值为400，高度值为150，如下右图所示。

Step 11 创建名为"地板"的VRayMtl材质球，设置反射颜色为灰色（色调：0；饱和度：0；高光：45），高光光泽度为0.85，反射光泽度为0.98，反射细分值为12，打开"贴图"卷展栏，分别为漫反射通道和凹凸通道添加贴图，设置凹凸强度值为15，如下左图所示。

Step 12 选择地面与地台对象，为其赋予材质，并添加UVW贴图，在"参数"卷展栏中设置贴图模式为"长方体"，长度值为1600，宽度值为800，高度值为100，如下右图所示。

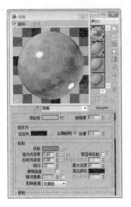 

Step 13 渲染摄影机视口，效果如右图所示。

4．设置沙发组合、隔断、休闲座椅及电视机等对象材质

沙发组合中台灯的材质已经创建，另外还包含沙发布材质、木纹材质、白瓷材质，电视机本身包含三种材质，下面将介绍其操作步骤。

Step 01 创建名为"沙发布"的VRayMtl材质球，打开"贴图"卷展栏，分别为漫反射通道添加衰减贴图，在"衰减参数"卷展栏中的"前：侧"面为其添加贴图，设置侧面强度值为50，衰减类型为Fresnel，如下左图所示。

Step 02 返回"贴图"卷展栏，为凹凸通道添加贴图，其余为默认设置，如下右图所示。

Step 03 创建名为"抱枕"的VRayMtl材质球，打开"贴图"卷展栏，分别为漫反射通道添加衰减贴图，在"衰减参数"卷展栏中的前面添加贴图，设置衰减类型为Fresnel，如下左图所示。

Step 04 返回"贴图"卷展栏，为凹凸通道添加贴图，并设置凹凸值为80，如下右图所示。

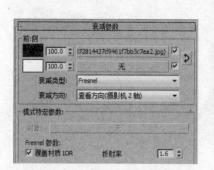

Step 05 创建名为"木纹1"的VRayMtl材质球，设置反射颜色为灰色（色调：0；饱和度：0；高光：125），如下左图所示。

Step 06 打开"贴图"卷展栏，为漫反射通道及凹凸通道添加位图贴图，为反射通道添加衰减贴图，在"衰减参数"卷展栏中设置衰减类型为Fresnel，如下右图所示。

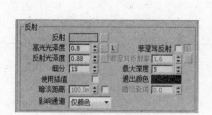

Step 07 同样创建名为"木纹2"的VRayMtl材质球，具体设置同"木纹1"材质球，在"贴图"卷展栏中更改漫反射通道及凹凸通道中的贴图，如下左图所示。

Step 08 创建名为"地毯"的VRayMtl材质球，打开"贴图"卷展栏，为凹凸通道添加位图贴图，设置凹凸值为100，为漫反射通道添加衰减贴图，打开"衰减参数"卷展栏，为前侧面添加位图贴图，设置侧面强度值为50，衰减类型为Fresnel，如下右图所示。

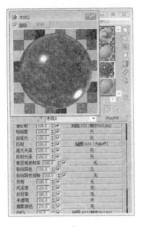 

Step 09 选择对象，为其赋予材质，渲染摄影机视口，效果如下左图所示。

Step 10 创建名为"白瓷"的VRayMtl材质球，设置漫反射颜色为白色，反射颜色深灰色（色调：0；饱和度：0；高光：20），反射光泽度为0.95，打开"贴图"卷展栏，为反射通道添加衰减贴图，设置衰减类型为Fresnel，如下右图所示。

Step 11 创建名为"电视机壳"的VRayMtl材质球，设置漫反射颜色为黑色，反射颜色深灰色（色调：0；饱和度：0；高光：30），如下左图所示。

Step 12 创建名为"电视机屏幕"的VRayMtl材质球，设置反射颜色深灰色（色调：0；饱和度：0；高光：3），打开"贴图"卷展栏，为漫反射通道添加贴图，如下右图所示。

Step 13 创建名为"刻花玻璃"的混合材质球，为材质1添加VRayMtl材质，设置反射颜色为灰色（色调：0；饱和度：0；高光：45），为材质2添加VRayMtl材质，设置漫反射颜色为灰白色（色调：255；饱和度：1；高光：240），反射颜色为灰白色（色调：0；饱和度：0；高光：230），为遮罩添加位图贴图，选择"遮罩交互式"，勾选"使用曲线"复选框，如右1图所示。

Step 14 创建名为"装饰画1"的VRayMtl材质球，打开"贴图"卷展栏，为漫反射通道添加贴图，如右2图所示。

Step 15 选择对象，为其赋予材质，渲染摄影机视口，效果如右图所示。

5. 创建剩余对象材质

案例中还剩下小物品的材质需要创建，但是材质编辑器中的材质球已经使用完，这里就需要重置已创建的材质球来创建新的材质球，下面将介绍其操作步骤。

Step 01 选择"装饰画1"材质球，单击"重置贴图/材质为默认设置"按钮，弹出"重置材质/贴图参数"对话框，选择"仅影响编辑器示例窗中的材质/贴图？"单选按钮，单击"确定"按钮，如下左图所示。

Step 02 按照上一小节中创建"装饰画1"材质球的操作方法创建另外三幅装饰画的材质，并赋予到对象，如下右图所示。

Step 03 照此方法同样创建相框照片及花束的材质，并赋予到对象，如下左图所示。

Step 04 踢脚线的材质与门套材质相同，这里将大理石材质赋予到对象，在修改器列表中为其添加UVW贴图，在"参数"卷展栏中选择"长方体"，设置长度为800，宽度为800，高度默认，如下右图所示。

Step 05 渲染摄影机视口，效果如右图所示。

04 设置渲染参数并渲染

本节将介绍如何在渲染面板中设置渲染正图的参数。通常是在测试完成后，不再需要对场景中的对象进行调整，才可以设置正图的渲染参数，进行正图的渲染。

Step 01 执行"渲染>渲染设置"命令，打开"渲染设置"对话框，在"公用"选项卡中的"公用参数"卷展栏中设置输出大小，如下左图所示。

Step 02 切换到"V-Ray"选项卡，在"V-Ray::帧缓冲区"卷展栏中勾选"从MAX中获取分辨率"复选框，这样渲染时将使用VRay自带的渲染帧，如下右图所示。

 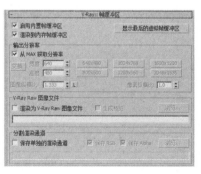

Step 03 打开"V-Ray::图像采样器"卷展栏，设置图像采样器类型为"自适应确定性蒙特卡洛"，开启抗锯齿过滤器，设置类型为Mitchell-Netravali，如下左图所示。

Step 04 打开"V-Ray::颜色贴图"卷展栏，设置类型为"指数"，如下右图所示。

Step 05 切换到"间接照明"选项卡，打开"V-Ray::发光图"卷展栏，设置当前预置等级为"高"，半球细分值为50，插值采样值为30，开启"细节增强"，如下左图所示。

Step 06 打开"V-Ray::灯光缓存"卷展栏，设置细分值为1000，如下右图所示。

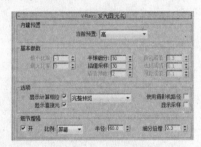 

Step 07 设置完成后保存文件，渲染摄影机视口，渲染出最终效果。

后期处理

Section 02

本节主要介绍如何在Photoshop中进行后期处理，使得渲染图片更加精美、完善，下面将介绍其操作步骤。

Step 01 在Photoshop中打开渲染好的"温馨客厅.jpg"文件，单击"图层"面板下方的"创建新的填充或调整图层"按钮，在打开的列表中选择"色阶"命令，如下左图所示。

Step 02 打开"色阶"属性面板，适当调整阴影和高光色阶，可以看到图像发生了变化，如下右图所示。

Step 03 同样单击"创建新的填充或调整图层"按钮打开"曲线"属性面板，创建两个点并调整点的位置，这样画面的亮度将随之变化，如下左图所示。

Step 04 按照上述操作打开"色相/饱和度"属性面板，设置饱和度值为-20，效果如下右图所示。

Step 05 在"色相/饱和度"属性面板中，选择"黄色"选项，设置饱和度值为-20，效果如下左图所示。

Step 06 再次打开"亮度/对比度"属性面板，设置亮度为10、对比度为-40，效果如下右图所示。

Step 07 在工具栏中单击"画笔工具"按钮，在画笔预设选取器中选择合适的笔刷，这里选择星光笔刷，并设置笔刷大小，如下左图所示。

Step 08 适当调整笔刷大小及透明度等，为效果图添加星光效果，如下右图所示。

Step 09 保存图片为JPG格式，至此完成图片的后期处理，效果如右图所示。

Chapter

10

售楼大厅效果图的制作

本章将结合书中所介绍的3ds Max软件和VRay软件的相关知识，如新文件的创建、导入图形、合并图形、多边形建模、材质与灯光的设置以及渲染设置等，向读者展示其在室内设计领域家装案例中的实际操作。读者通过对本章的学习，可以更加顺利地制作出效果图，并加强对命令的使用和技巧的应用。

重点难点

- 多边形建模
- 创建灯光
- 创建材质球
- 测试渲染设置以及出图渲染设置
- 后期处理

Section 01 制作流程

效果图的制作流程包括创建模型、设置光源、赋予材质以及渲染出图四个主要步骤，本案例为售楼处大厅效果图的制作，有弧形玻璃幕墙，模型相对比较复杂。

01 创建三维空间模型

本小节将介绍如何将CAD平面布局图导入到3ds Max 2014中，并根据平面布局图建立三维空间模型。

1. 导入CAD平面布局图

建模前期首先要准备好CAD图纸，并将其导入到3ds Max中，其操作步骤如下。

Step 01 启动3ds Max 2014应用程序，执行"文件>保存"命令，如下左图所示。

Step 02 打开"文件另存为"对话框，选择文件存储位置，并输入文件名为"售楼处大厅"，如下右图所示。

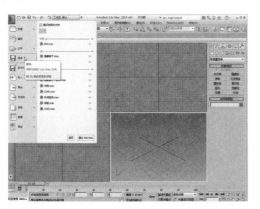 

Step 03 设置完成后单击"保存"按钮，即可创建名为"售楼处大厅"的模型文件，在标题栏处即可看到保存后的名称，执行"文件>导入>导入"命令，如下左图所示。

Step 04 打开"选择要导入的文件"对话框，在本地硬盘上选择需要的CAD文件，这里选择"售楼处大厅.dwg"文件，如下右图所示。

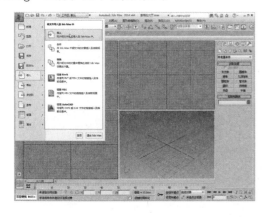 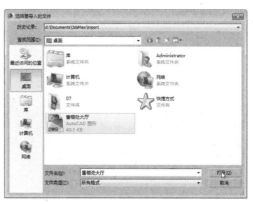

Step 05 单击"打开"按钮，打开"AutoCAD DWG/DXF导入选项"对话框，保持默认设置，如下左图所示。

Step 06 单击"确定"按钮，即可将准备好的CAD平面布局图导入到3ds Max中，如下右图所示。

 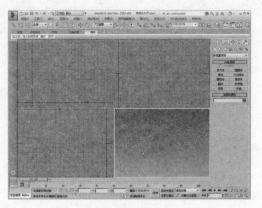

2．创建售楼处大厅框架模型

将CAD平面布局图导入到3ds Max中之后，即可根据该布局图进行大厅框架模型的创建，其操作步骤如下。

Step 01 按下Ctrl+A组合键，全选场景中导入的框线图形，接着执行"组>成组"命令，如下左图所示。

Step 02 打开"组"对话框，为其添加组名，并单击"确定"按钮，如下右图所示。

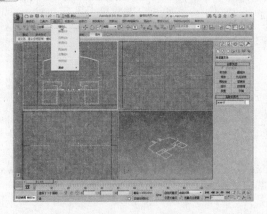 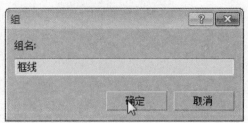

Step 03 单击工具栏中的"选择并移动"按钮，选择视口中的成组图形，然后在视口下方将X、Y、Z后的数值皆设置为0，将成组图形移动到系统坐标的原点处，如下左图所示。

Step 04 按下G键，即可隐藏视口中的栅格，以便更加轻松地观察视口，如下右图所示。

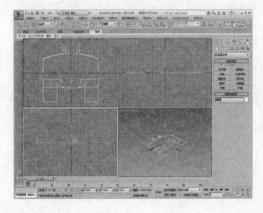 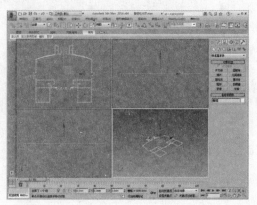

Step 05 选择视口中的成组图形，并单击鼠标右键，在弹出的快捷菜单中选择"冻结当前选择"命令，如下左图所示。

Step 06 将该对象冻结，单击"捕捉开关"按钮，开启捕捉开关，再右键单击该按钮，打开"栅格和捕捉设置"对话框，在"捕捉"选项卡中选择捕捉点，再在"选项"选项卡中勾选"捕捉到冻结对象"复选框，如下右图所示。

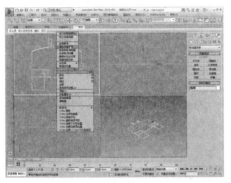

Step 07 最大化显示顶视口，关闭"栅格和捕捉设置"对话框，单击"创建"命令面板中的"线"按钮，在视口中沿冻结线框边沿创建封闭样条线，当起点和终点重合时会弹出"样条线"提示对话框，单击"是"按钮即可完成样条线的绘制，如下左图所示。

Step 08 进入修改器列表，选择"顶点"选项，在视口中选择弧形部分的顶点，单击鼠标右键，在弹出的快捷菜单中选择"平滑"命令，如下右图所示。

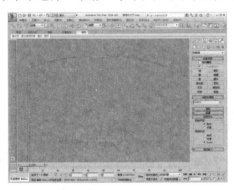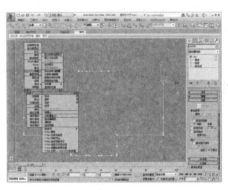

Step 09 选择该样条线，在修改器列表中选择"挤出"修改器，如下左图所示。

Step 10 为其添加"挤出"效果，将挤出数量设置为4200，最大化显示透视视口，即可看到挤出后的效果，如下右图所示。

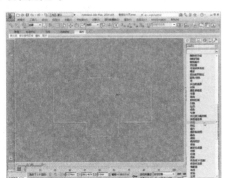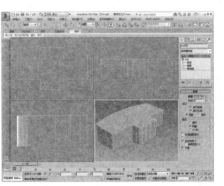

Step 11 单击关闭"捕捉开关"按钮 🔳，选择并右键单击挤出后的图形，在弹出的快捷菜单中选择"转换为"命令，在其级联菜单中选择"转换为可编辑多边形"命令，如下左图所示。

Step 12 进入到"修改"命令面板，打开"可编辑多边形"列表，单击"多边形"命令，在视口中选择全部图形，则图形显示为红色选中状态，在"修改"命令面板中的"编辑多边形"卷展栏中单击"翻转"按钮，如下右图所示。

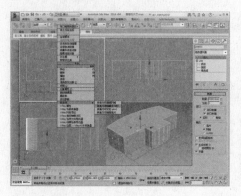 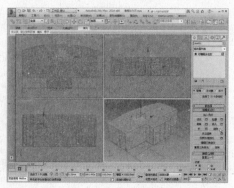

Step 13 即可将物体法线进行翻转，用户可以观察到模型内部的结构，如下左图所示。

Step 14 在"修改"命令面板中单击"边"命令，在图形中选择需要的边，接着按住Ctrl键进行加选，如下右图所示。

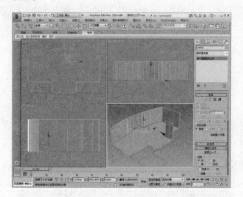 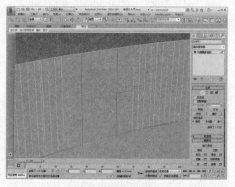

Step 15 在"编辑边"卷展栏中单击"连接设置"按钮，在弹出的"连接边"设置面板中设置"分段"数值为1，在视口中可以看到，在选中的两条边之间自动创建了两条边，如下左图所示。

Step 16 单击"确定"按钮，即可完成连接边的创建，选择位于上方的连接边，在视口下方将Z轴的数值设置为2450，按Enter键确认即可调整连接边的高度，如下右图所示。

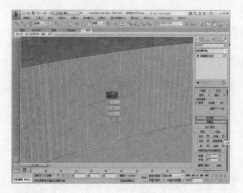 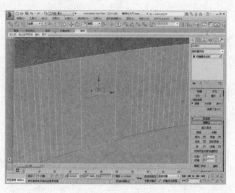

Step 17 单击"可编辑多边形"列表下的"多边形"命令，选择图形中的多边形，在"编辑多边形"卷展栏中单击"挤出设置"按钮，设置其挤出高度为-240，将多边形向反方向挤出，在视口中可看到挤出后的效果，如下左图所示。

Step 18 单击"确定"按钮关闭对话框，完成多边形的挤出，保持该多边形的选中状态，在键盘上按Delete键将其删除，形成门洞，如下右图所示。

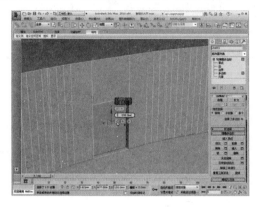
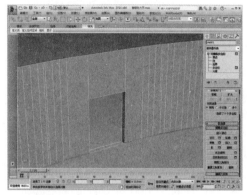

Step 19 按照上面的操作步骤，创建出其他的窗洞和门洞，如右图所示。

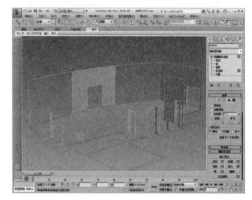

3．创建室内立面模型

框架模型创建完毕后，用户可以开始创建各种室内可创建物体，如吊顶造型、门窗等，其操作步骤如下。

Step 01 最大化显示前视口，开启捕捉开关，单击"创建"命令面板中的"矩形"按钮，绘制4200×1940的矩形，如下左图所示。

Step 02 将矩形转换为可编辑样条线，进入"修改"命令面板，选择"样条线"选项，在"几何体"卷展栏中设置轮廓值为120，如下右图所示。

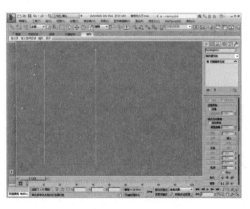

Step 03 在修改器列表中选择"挤出"命令，并设置挤出值为120，如下左图所示。

Step 04 开启捕捉开关，在"创建"命令面板中单击"长方体"按钮，在顶视口中绘制60×1700×60的长方体，并调整其位置，如下右图所示。

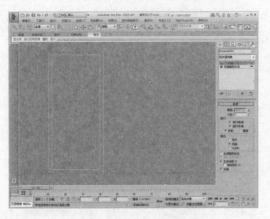 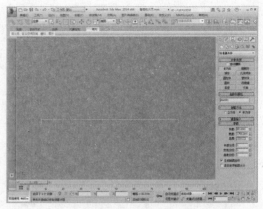

Step 05 调整其位置及高度并向下复制，如下左图所示。

Step 06 在"创建"命令面板中单击"长方体"按钮，绘制3960×1700×20的长方体作为玻璃，并调整位置，完成一扇窗户的绘制，如下右图所示。

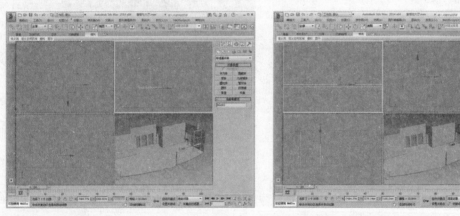 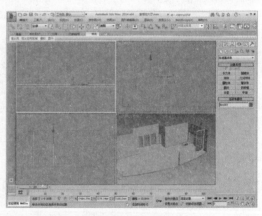

Step 07 将绘制的窗户旋转至合适的角度，并移动到窗户位置，如下左图所示。

Step 08 复制出多个窗户，并调整其角度和位置，完成落地窗的窗户，效果如下右图所示。

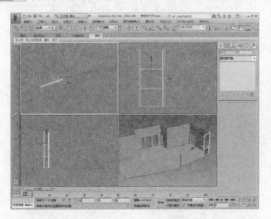 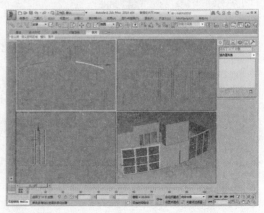

Step 09 按照上面的操作方法创建出大厅内一侧的玻璃门，门框尺寸为60×60，效果如下左图所示。

Step 10 在左视口中绘制路径及矩形框，如下右图所示。

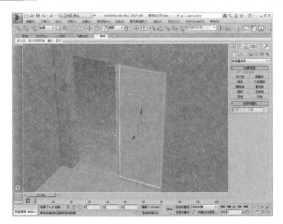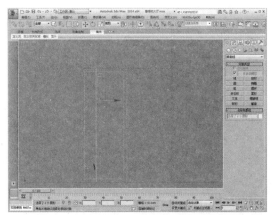

Step 11 最大化显示前视口，开启捕捉开关，单击"创建"命令面板中的"矩形"命令，绘制4200×1940的矩形，如下左图所示。

Step 12 将矩形转换为可编辑样条线，进入"修改"命令面板，选择样条线选项，在"几何体"卷展栏中设置轮廓值为120，如下右图所示。

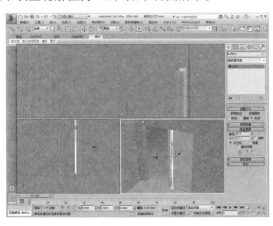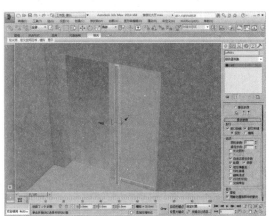

Step 13 复制出多个门扇，并按照上述操作步骤创建出不同尺寸的门扇，如下左图所示。

Step 14 在"创建"命令面板中单击"长方体"按钮，创建30×17000×30的长方体，如下右图所示。

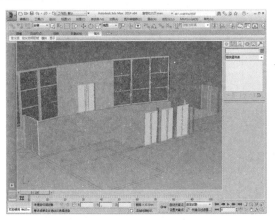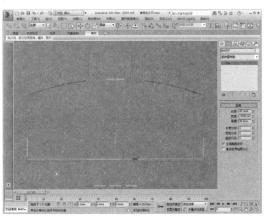

Step 15 适当调整其位置，按住Shift键进行复制，将弹出"克隆选项"对话框，选择"实例"单选按钮，并设置"副本数"为100，单击"确定"按钮，如下左图所示。

Step 16 复制后的效果如下右图所示。

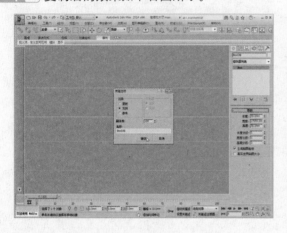 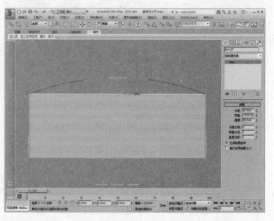

Step 17 再次进行复制，在弹出的"克隆选项"对话框中选择"复制"单选按钮，如下左图所示。

Step 18 进入"修改"命令面板，在"参数"卷展栏中设置对象宽度为16500，如下右图所示。

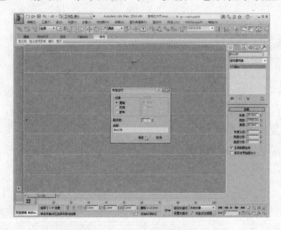 

Step 19 按照上面的步骤复制多个对象并调整对象参数，效果如下左图所示。

Step 20 选择对象，并将其移动至顶部，如下右图所示。

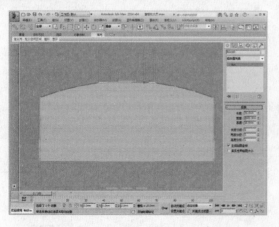 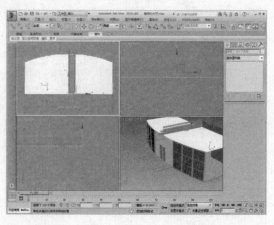

Step 21 在"创建"命令面板中单击"长方体"按钮，绘制多个宽度为300、高度为20的长方体，设置其长度，并移动到顶部位置，如下左图所示。

Step 22 选择建筑多边形，在"修改"命令面板中选择"多边形"选项，在视口中选择地面，在"编辑几何体"卷展栏中单击"分离"按钮，如下右图所示。

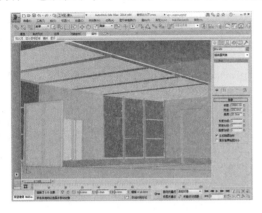
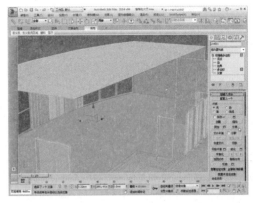

Step 23 弹出"分离"对话框，在"分离为"文本输入框中输入"地面"，单击"确定"按钮，如下左图所示。

Step 24 分离出地面之后，再照此步骤分离出顶面，最大化顶视口，开启捕捉开关，在"创建"命令面板中单击"长方体"按钮，绘制2400×5620×（-1200）的长方体，如下右图所示。

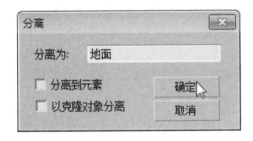
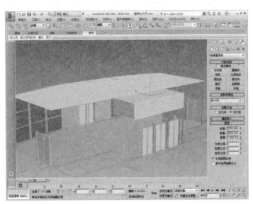

Step 25 单击鼠标右键，在弹出的快捷菜单中选择"转换为可编辑多边形"命令，如下左图所示。

Step 26 按照前面介绍的操作方法将该多边形的两个面分离出来，如下右图所示。

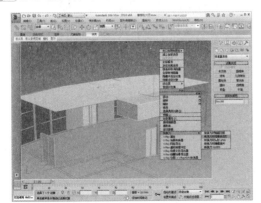
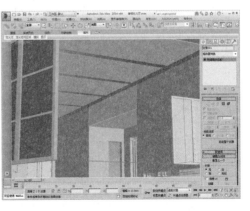

4．合并成品模型

建模完毕后，用户即可将成品模型合并到当前场景中，其操作步骤如下。

Step 01 执行"文件>导入>合并"命令，如下左图所示。

Step 02 打开"合并文件"对话框，选择合适的模型文件，单击"打开"按钮，如下右图所示。

Step 03 打开"合并"对话框，在列表中选择沙发组合模型，单击"确定"按钮，如下左图所示。

Step 04 如此即可将模型合并入当前场景中，并适当调整其位置，效果如下右图所示。

 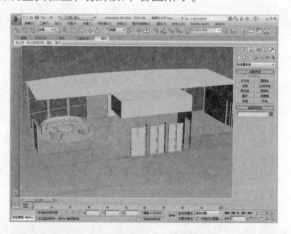

Step 05 照此步骤导入其他模型，如盆栽、灯具、门等，并对位置和大小进行适当调整，效果如右图所示。

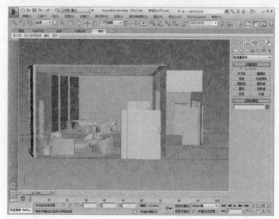

5.创建摄影机及渲染设置

下面来介绍如何创建摄影机并确定观察场景的角度以及测试渲染的设置,其操作步骤如下。

Step 01 最大化显示顶视口,单击"摄影机"创建命令面板中的"目标"按钮,在顶视口中创建一架摄影机,如下左图所示。

Step 02 在"参数"卷展栏中设置镜头数值为24,在"参数"卷展栏中勾选"手动剪切"选项,并设置"近距剪切"值为1000、"远距剪切"值为20000,切换到前视口,再选择整个摄影机,在视口下方将Z轴的数值设置为1800,如下右图所示。

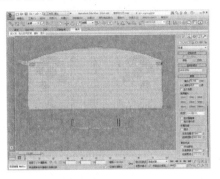 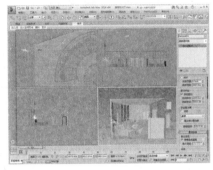

Step 03 最大化显示前视口,开启捕捉开关,单击"创建"命令面板中的"矩形"按钮,绘制4200×1940的矩形,如下左图所示。

Step 04 将矩形转换为可编辑样条线,进入修改命令面板,选择样条线选项,在"几何体"卷展栏中设置轮廓值为120,如下右图所示。

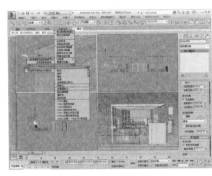 

Step 05 执行"渲染>渲染设置"命令,打开"渲染设置"对话框,切换到V-Ray选项卡,在"V-Ray::全局开关"卷展栏中,选择关闭"默认灯光",如下左图所示。

Step 06 在"V-Ray::图像采样器"卷展栏中,设置图像采样器类型为"固定",并开启抗锯齿过滤器,如下右图所示。

Step 07 切换到"间接照明"选项卡,在"V-Ray::间接照明"卷展栏中开启间接照明,设置"首次反弹"的全局光引擎为"发光图",设置"二次反弹"的全局光引擎为"灯光缓存",如下左图所示。

Step 08 打开"V-Ray::发光图"卷展栏,设置当前预置为"非常低",半球细分值为30,插补采样值为10,并勾选"显示计算相位"和"显示直接光"复选框,如下右图所示。

Step 09 打开"V-Ray::灯光缓存"卷展栏,设置细分值为100,勾选"存储直接光"和"显示计算相位"复选框,如下左图所示。

Step 10 切换到"公用"选项卡,在"公用参数"卷展栏下方取消选择"渲染帧窗口",并设置输出大小的宽度值和高度值都为1,如下右图所示。

Step 11 切换到"V-Ray"选项卡,打开"V-Ray::帧缓冲区"卷展栏,勾选"启用内置帧缓冲区"复选框,取消勾选"从MAX获取分辨率"复选框,再单击"640×480"按钮,如右图所示。

02 创建并设置光源

　　本案例中有着很大的落地窗，光线十分充足，场景中的主要光源为户外光源。户外光源包括环境光源和太阳光源，室内光源包括牛眼灯和射灯的光源。户外光源为主光源，设置完户外光源后，用户再根据需要添加室内辅助光源。

1. 创建环境光源

　　白日的光线较强，场景对于环境光源的依赖较强，用户需要创建VR阳光作为场景主光源，另外还需要对场景中的对象赋予测试材质，方便创建灯光以及快速渲染，其操作步骤如下。

Step 01 按M键打开"材质编辑器"窗口，选择一个材质球，命名为为"测试"，单击Standard按钮，打开"材质/贴图浏览器"对话框，在V-Ray卷展栏中选择VRayMtl材质球，如下左图所示。

Step 02 单击"确定"按钮，创建出VRayMtl材质球，默认设置选项，如下右图所示。

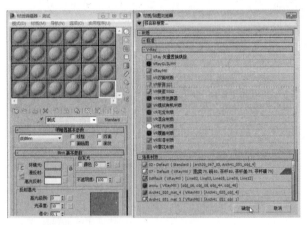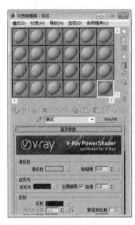

Step 03 全选场景中的物体，单击"将材质指定给选定对象"按钮，将"测试"材质赋予到场景中，如下左图所示。

Step 04 单击"灯光"创建命令面板中的"VR灯光"按钮，在前视口中创建一盏灯，强度倍增器值为6，颜色设置为浅蓝色（色调：155；饱和度：120；亮度：250），大小为1700×650，勾选"投射阴影"、"不可见"、"忽略灯光法线"、"影响漫反射"、"影响高光反射"复选框，如下右图所示。

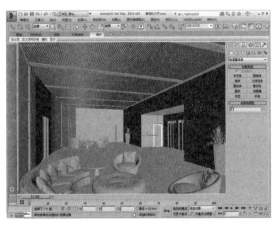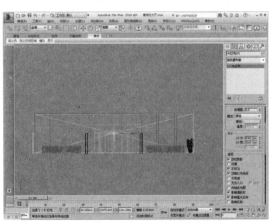

Step 05 最大化显示前视口，开启捕捉开关，单击"创建"命令面板中的"矩形"命令，绘制4200×1940的矩形，如下左图所示。

Step 06 将矩形转换为可编辑样条线，进入"修改"命令面板，选择样条线选项，在"几何体"卷展栏中设置轮廓值为120，如下右图所示。

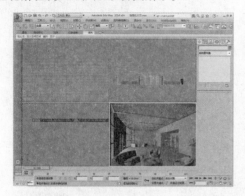 

Step 07 最大化显示前视口，开启捕捉开关，单击"创建"命令面板中的"矩形"按钮，绘制4200×1940的矩形，如下左图所示。

Step 08 将矩形转换为可编辑样条线，进入"修改"命令面板，选择"样条线"选项，在"几何体"卷展栏中设置轮廓值为120，如下右图所示。

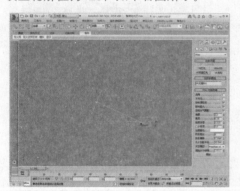 

Step 09 从渲染效果中可以看到，由于没有添加天空环境贴图，场景就像是夜晚氛围，在"创建"命令面板中单击"弧"按钮，在前视口中创建半径为45000的弧线，如下左图所示。

Step 10 在修改器列表中单击"挤出"按钮，将弧线挤出，并设置挤出值为16000，适当调整位置，如下右图所示。

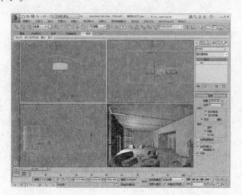 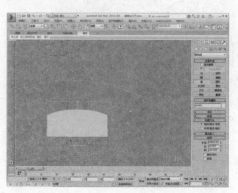

Step 11 将其转换为可编辑多边形，并在修改器列表中为其添加"壳"，在"参数"卷展栏中设置外部量为10，其余设置默认，如下左图所示。

Step 12 按M键打开材质编辑器，选择一个空白材质球，命名为"天空"，设置为VR灯光材质，颜色强度设置为1.2，并为其添加天空贴图，其余设置为默认，如下右图所示。

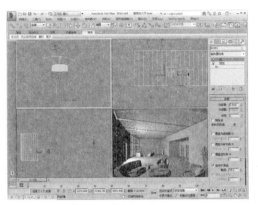

Step 13 单击材质编辑器中的"将材质指定给选定对象"按钮，将材质赋予到对象，并为其添加UVW贴图，在"参数"卷展栏中选择"长方体"选项，如下左图所示。

Step 14 渲染摄影机视口，效果如下右图所示。

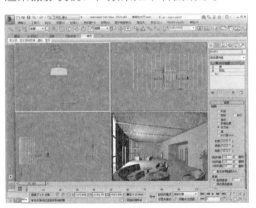

Step 15 由测试效果中可以看到，室外地面部分为黑色，所以需要为室外添加一个地面，在"创建"命令面板中单击"长方体"按钮，在顶视口中创建一个长方体，并适当调整其位置，如下左图所示。

Step 16 为其赋予测试材质，渲染摄影机视口，效果如下右图所示。

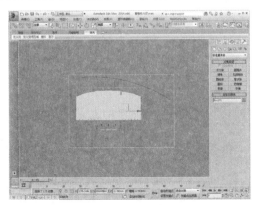

2. 创建辅助光源

如果渲染夜晚氛围，室内的灯光光源就是场景主光源，但是在白天氛围就只能作为辅助光源，下面将介绍其操作步骤。

Step 01 单击"灯光"创建命令面板中的"目标灯光"按钮，在前视口中创建一盏灯，在"常规参数"卷展栏中启动阴影，阴影类别设置为"VRay阴影"，设置灯光分布类型为"光度学Web"，如下左图所示。

Step 02 在"分布"卷展栏中为其添加光域网文件，设置灯光强度为5500，并将其移动至适当位置，如下右图所示。

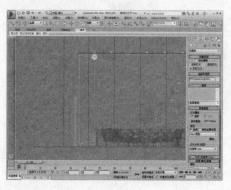 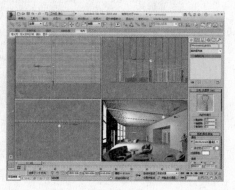

Step 03 复制灯光，并调整至适当位置，如下左图所示。

Step 04 同样创建目标灯光，为其添加光域网文件，设置灯光强度为34000，其余设置同上，如下右图所示。

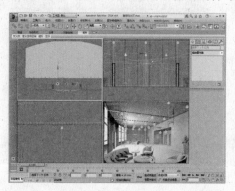 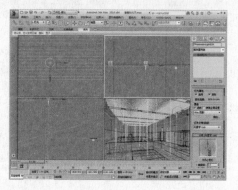

Step 05 复制灯光，并调整至合适位置，效果如下左图所示。

Step 06 在顶视口中创建VR灯光，设置灯光类型为"穹顶"，强度倍增器为4.0，颜色为浅蓝色（色调：150；饱和度：45；亮度：255），如下右图所示。

 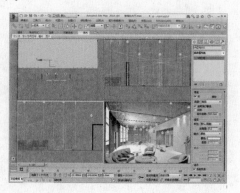

Step 07 渲染摄影机视口，效果如下左图所示。

Step 08 从测试效果中可以看到，场景中的灯光强度有些过高，适当对灯光参数进行调整，再次进行渲染，如下右图所示。

03 设置并赋予材质

本小节主要讲述为大厅场景中的所有对象分别赋予材质，材质的设置是制作效果图的关键之一，只有材质设置到位，才能表现出场景的真实性。

1. 设置门材质

本案例中的门有两种，一种是木门，一种是合金边框玻璃门，下面将介绍其操作步骤。

Step 01 创建名为"木纹"的VRayMtl材质球，设置反射颜色为灰色（色调：0；饱和度：0；高光：5），高光光泽度为0.6，反射光泽度为0.95，如下左图所示。

Step 02 打开"贴图"卷展栏，为漫反射通道添加衰减贴图，打开"衰减参数"卷展栏，为前、侧面都添加位图贴图，设置衰减类型为Fresnel，如下右图所示。

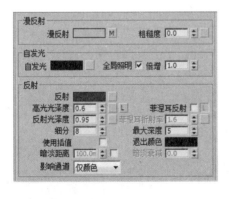

Step 03 创建名为"不锈钢"的VRayMtl材质球，设置反射颜色为白色，高光光泽度为0.8，反射光泽度为0.9，如下左图所示。

Step 04 选择木门，分别为门把手和门赋予材质，如下右图所示。

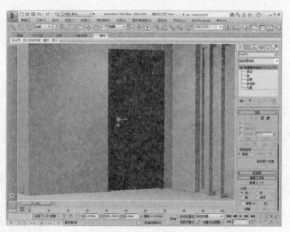

Step 05 创建名为"合金"的VRayMtl材质球，设置漫反射颜色为黑色，反射颜色为灰色（色调：0；饱和度：0；高光：77），反射光泽度为0.9，如下左图所示。

Step 06 创建名为"玻璃1"的VRayMtl材质球，漫反射颜色为默认，设置折射颜色为白色，打开"贴图"卷展栏，为反射通道添加衰减贴图，设置衰减类型为Fresnel，如下右图所示。

Step 07 同样创建"玻璃2"材质球，设置折射颜色为灰色（色调：0；饱和度：0；高光：100），其余设置同"玻璃1"，如下左图所示。

Step 08 取消隐藏玻璃对象，并分别为对象赋予材质，渲染摄影机视口，效果如下右图所示。

2. 设置顶面、墙面及地面材质

本案例中的吊顶材质为铝方管以及黑镜，牛眼灯材质为不锈钢和VR灯光材质，墙面材质为石材，地面材质为白色抛光砖，这几种材质都具有一定的反射及光泽，在创建时需要注意，下面将介绍其操作步骤。

Step 01 创建名为"铝方管"的VRayMtl材质球，设置漫反射颜色为偏白色（色调：0；饱和度：0；高光：250），反射颜色为灰色（色调：0；饱和度：0；高光：58），反射光泽度为0.75，反射细分值为15，打开"选项"卷展栏，仅勾选"跟踪折射"、"使用发光图"选项，如下左图所示。

Step 02 创建名为"黑镜"的VRayMtl材质球，设置漫反射颜色为深黑色（色调：0；饱和度：0；高光：15），反射颜色为深灰色（色调：0；饱和度：0；高光：60），如右下图所示。

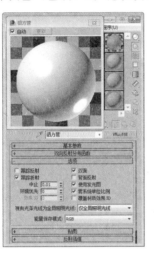 

Step 03 创建名为"自发光"的VR灯光材质，灯光强度值为2，如下左图所示。

Step 04 选择顶面对象，为其赋予材质，如下右图所示。

 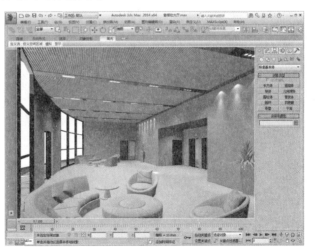

Step 05 创建名为"石材"的VR覆盖材质球，为基本材质和全局照明材质添加VRayMtl材质，如下左图所示。

Step 06 进入"基本材质"材质面板，设置漫反射颜色为偏白色（色调：0；饱和度：0；高光：230），反射高光光泽度为0.85，反射光泽度为0.96，反射细分值为10，如下右图所示。

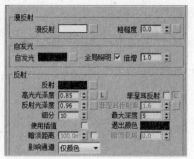

Step 07 打开"贴图"卷展栏，为漫反射通道添加位图贴图，为反射通道添加衰减贴图，如下左图所示。

Step 08 打开"衰减参数"卷展栏，设置侧面颜色为灰蓝色（色调：150；饱和度：75；高光：120），其余设置为默认，如下右图所示。

Step 09 打开"全局照明材质"面板，进入"贴图"卷展栏，为漫反射通道添加位图贴图，设置漫反射值为5，如下左图所示。

Step 10 创建名为"地砖"的VRayMtl材质球，设置反射颜色为灰色（色调：0；饱和度：0；高光：40），并为漫反射通道添加平铺贴图，如下右图所示。

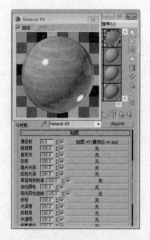
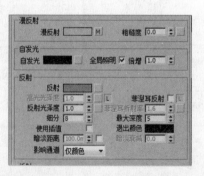

Step 11 打开"高级控制"卷展栏，为平铺纹理添加位图贴图，水平数和垂直数都为2，设置砖缝纹理颜色为浅灰色（色调：0；饱和度：0；高光：80），水平间距和垂直间距为0.2，如下左图所示。

Step 12 同样为凹凸通道添加平铺贴图，并设置凹凸值为50，打开"高级控制"卷展栏，设置平铺纹理水平数及垂直数为2，砖缝纹理颜色为灰色（色调：0；饱和度：0；高光：80），水平间距和垂直间距为0.2，如下右图所示。

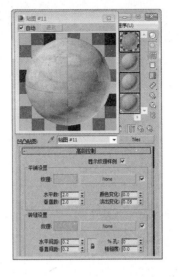

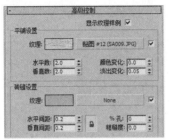

Step 13 选择墙面对象，为其赋予材质，并添加UVW材质，在"参数"卷展栏中选择"长方体"选项，设置长度为1200、宽度为1200、高度为600，如下左图所示。

Step 14 渲染摄影机视口，效果如下右图所示。

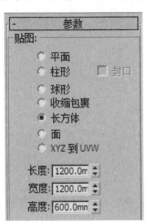

Step 15 选择地面对象，并为其赋予材质，添加UVW贴图，在"参数"卷展栏中选择"长方体"选项，设置长度为2000、宽度为2000、高度为50，如下左图所示。

Step 16 渲染摄影机视口，效果如下右图所示。

Step 17 渲染效果中可以看到，灯光强度有些高，地面有些曝光适度，适当调整灯光强度，再次进行渲染，如右图所示。

3．设置沙发组合材质

沙发组合中包含黑色皮质、白色皮质、白漆材质及地毯材质，下面将介绍其操作步骤。

Step 01 创建名为"黑色皮质"的VRayMtl材质球，设置漫反射颜色为黑色，反射颜色为灰色（色调：0；饱和度：0；高光：40），高光光泽度为0.65，反射光泽度为0.6，如下左图所示。

Step 02 打开"贴图"卷展栏，为漫反射通道及凹凸通道添加位图贴图，如下右图所示。

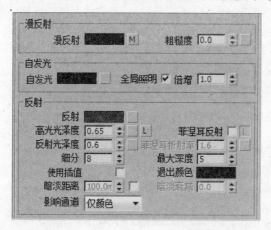

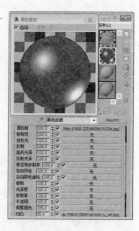

Step 03 同样创建名为"白色皮质"的VRayMtl材质球，设置漫反射颜色为白色，打开"贴图"卷展栏，为漫反射通道及凹凸通道添加位图贴图，并设置凹凸值为20，如下左图所示。

Step 04 创建名为"白漆"的VRayMtl材质球，设置漫反射颜色为白色，反射颜色为白色，高光光泽度为0.8，反射光泽度为0.95，并为反射通道添加衰减贴图，如下右图所示。

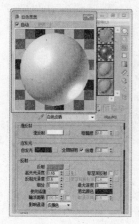

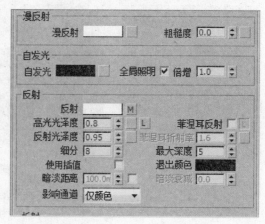

Step 05 打开"衰减参数"卷展栏，设置侧面颜色为浅蓝色（色调：152；饱和度：90；高光：255），设置衰减类型为Fresnel，如下左图所示。

Step 06 创建名为"地毯"的VRayMtl材质球，设置反射颜色为深灰色（色调：0；饱和度：0；高光：20），反射光泽度为0.5，打开"选项"卷展栏，仅勾选"跟踪折射"、"双面"、"使用发光图"复选框，如下右图所示。

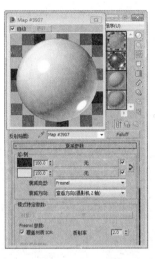 

Step 07 打开"贴图"卷展栏，分别为漫反射通道及凹凸通道添加位图贴图，设置凹凸值为45，如下左图所示。

Step 08 选择对象，分别为其赋予材质，渲染摄影机视口，效果如下右图所示。

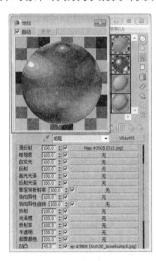 

4．创建盆栽材质

案例最后需要创建盆栽的材质，其中包括白瓷材质和植物材质，下面将介绍其操作步骤。

Step 01 创建名为"白瓷"的VRayMtl材质球，设置漫反射颜色及反射颜色为白色，反射光泽度为0.95，勾选"菲涅尔反射"复选框，如下左图所示。

Step 02 创建名为"植物"的VRayMtl材质球，为漫反射通道添加位图贴图，设置反射颜色为灰色（色调：0；饱和度：0；高光：30），反射光泽度为0.6，如下右图所示。

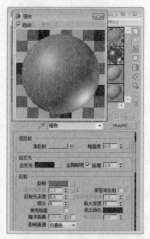

Step 03 选择对象，并赋予材质，渲染摄影机视口，效果如右图所示。

04　设置渲染参数并渲染

本节将介绍如何在渲染面板设置渲染正图的参数。通常是在测试完成后，不再需要对场景中的对象进行调整，才可以设置正图的渲染参数，进行正图的渲染。

Step 01 执行"渲染 > 渲染设置"命令，打开"渲染设置"对话框，在"公用"选项卡的"公用参数"卷展栏中设置输出大小，如下左图所示。

Step 02 切换到"V-Ray"选项卡，在"V-Ray::帧缓冲区"卷展栏中勾选"从MAX中获取分辨率"复选框，这样渲染时将使用VRay自带的渲染帧，如下右图所示。

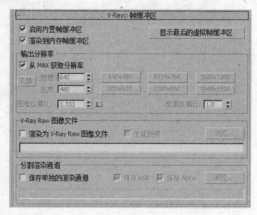

Step 03 打开"V-Ray::图像采样器"卷展栏，设置图像采样器类型为"自适应确定性蒙特卡洛"，开启抗锯齿过滤器，设置类型为Mitchell-Netravali，如下左图所示。

Step 04 打开"V-Ray::颜色贴图"卷展栏，设置"类型"为"指数"，如下右图所示。

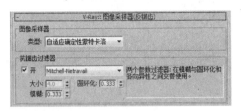 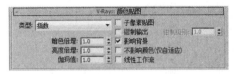

Step 05 切换到"间接照明"选项卡，打开"V-Ray::发光图"卷展栏，设置当前预置等级为"高"，半球细分值为50，插值采样值为30，如下左图所示。

Step 06 打开"V-Ray::灯光缓存"卷展栏，设置细分值为800，如下右图所示。

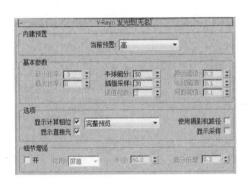 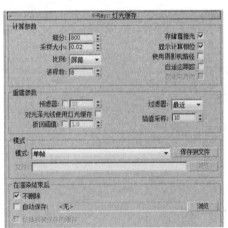

Step 07 设置完成后保存文件，渲染摄影机视口，渲染出最终效果。

后期处理

本节主要介绍如何在Photoshop中进行后期处理，使得渲染图片更加精美、完善，下面将介绍其操作步骤。

Step 01 在Photoshop中打开渲染好的"售楼处大厅.jpg"文件，单击"图层"面板下方的"创建新的填充或调整图层"按钮，在打开的菜单中选择"色阶"命令，如下左图所示。

Step 02 打开"色阶"属性面板，适当调整阴影和高光色阶，可以看到图像发生了变化，如下右图所示。

Step 03 按照上述操作打开"亮度/对比度"属性面板，设置对比度为25，效果如下左图所示。

Step 04 在工具栏中单击"画笔工具"按钮，在画笔预设选取器中选择合适的笔刷，这里选择星光笔刷，并设置笔刷大小，如下右图所示。

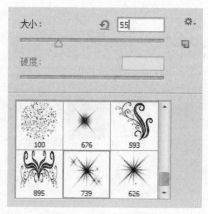

Step 05 适当调整笔刷大小及透明度等，为效果图添加星光效果，如下左图所示。

Step 06 保存图片为JPG格式，至此完成图片的后期处理，效果如下右图所示。

Chapter
11

商务写字楼室外效果图的制作

本章主要是讲述建筑模型的创建与渲染，向读者介绍使用样条线创建模型的操作方法及过程。读者通过本章的学习，可以更加顺利地制作出效果图，并加强对命令的使用和技巧的应用。

重点难点
- 样条线的使用
- 挤出修改器的使用
- 室外材质的创建
- 渲染器的设置

制作流程

室外效果图的创建过程与室内效果大致相同，包括创建模型、设置光源、赋予材质以及渲染出图四个主要步骤，本案例为商务写字楼室外效果图的制作，对于环境光源的依赖较强。

01 创建三维空间模型

案例中模型的门窗较多，在模型的创建中，需要使用到3ds Max的样条线编辑功能、可编辑多边形的编辑功能以及修改器列表中的挤出等功能。另外，由于模型比较大，为了减轻渲染负担，本案例中的模型尺寸比较实际尺寸缩小十倍，在模型的创建过程中需要注意。

1. 创建写字楼墙体模型

首先来创建写字楼的墙体模型，建筑分为东南西北四面，本案例中主要是表现正门的效果，因此着重描述正门方向模型的创建，其操作步骤如下。

Step 01 单击"创建"命令面板中的"矩形"按钮，在前视口中绘制1200×780的矩形，如下左图所示。

Step 02 取消勾选"开始新图形"复选框，继续在前视口中分别绘制250×380及250×150的矩形，如下右图所示。

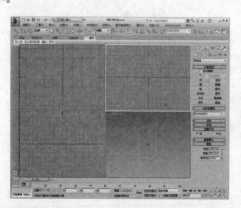
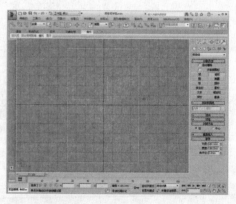

Step 03 打开"修改"命令面板，单击"样条线"选项，选择视口中的两个矩形框，如下左图所示。

Step 04 向下复制出多个矩形框，并调整其位置，如下右图所示。

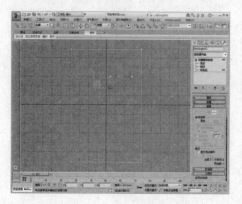
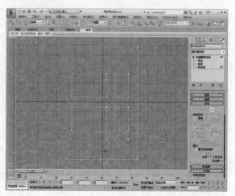

Step 05 单击"顶点"选项，选择所有的点，单击鼠标右键，在弹出的快捷菜单中选择"角点"命令，将所有的点转换为角点，如下左图所示。

Step 06 单击"样条线"选项，在"几何体"卷展栏中单击"修剪"按钮，如下右图所示。

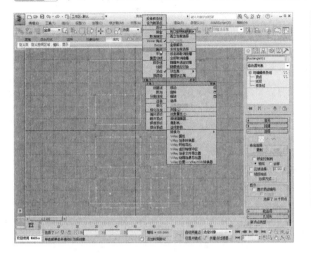 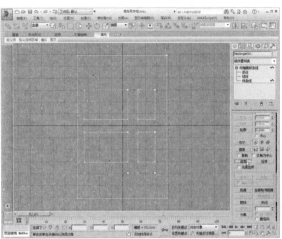

Step 07 对图形中的样条线进行修剪，创建出门洞形状，如下左图所示。

Step 08 单击"顶点"选项，选择下方修剪处的点，单击"几何体"卷展栏中的"焊接"按钮即可，如下右图所示。

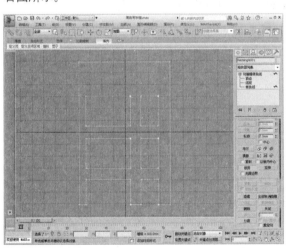 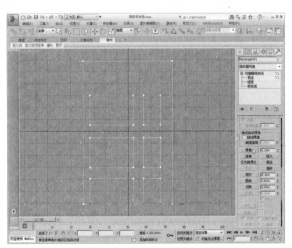

知识链接 关于样条线的编辑操作

在样条线的编辑中，使用"修剪"命令后，虽然可以得到想要的形状，但是被剪切过的边就断开了，会导致无法挤出图形，所以需要用户对断开边的顶点进行焊接。

Step 09 打开修改器列表，从中选择"挤出"命令，如下左图所示。

Step 10 为图形添加挤出效果，在"参数"卷展栏中设置挤出数量为24，效果如下右图所示。

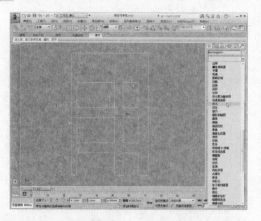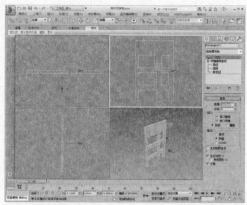

Step 11 单击"创建"命令面板中的"弧"按钮，在顶视口中绘制半径为250的圆弧，如下左图所示。

Step 12 单击鼠标右键，在弹出的快捷菜单中选择"转换为>可编辑样条线"命令，如下右图所示。

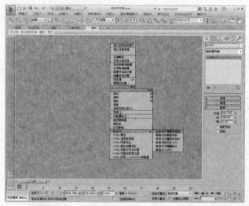

Step 13 将弧线转换为可编辑样条线，打开"修改"命令面板，单击"样条线"选项，在"几何体"卷展栏中设置轮廓值为24，如下左图所示。

Step 14 打开修改器列表，从中选择"挤出"命令，为图形添加挤出效果，在"参数"卷展栏中设置挤出数量为970，如下右图所示。

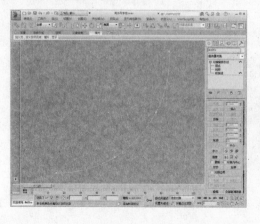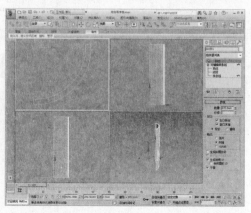

Step 15 将挤出后的图形转换为可编辑多边形，在"修改"命令面板中单击"边"选项，选择竖向所有的边，在"编辑边"卷展栏中单击"连接"设置按钮，如下左图所示。

Step 16 设置分段参数为3，关闭设置框，在"修改"命令面板中单击"顶点"选项，对物体的点进行调整，如下右图所示。

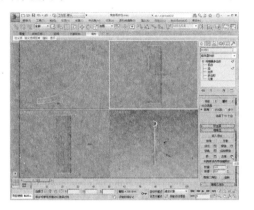 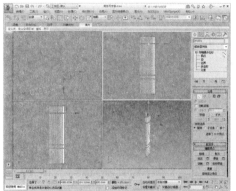

Step 17 在"修改"命令面板中单击"多边形"选项，选择物体前后的多边形对象，在"编辑多边形"卷展栏中单击"桥"按钮，如下左图所示。

Step 18 形成窗洞和门洞后，删除物体下方多余的多边形，如下右图所示。

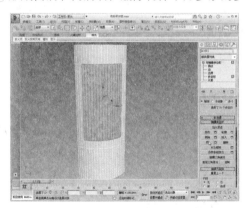 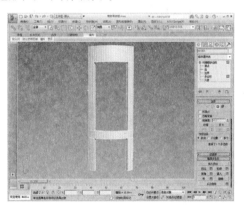

Step 19 在"创建"命令面板中单击"矩形"按钮，在前视口中创建1400×630的矩形，按照前面介绍的操作方法创建出门洞和窗洞，如下左图所示。

Step 20 再创建970×2620的矩形，按照前面介绍的操作方法创建出门洞和窗洞，如下右图所示。

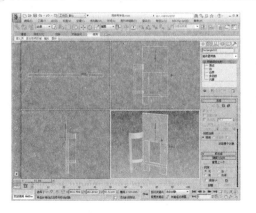 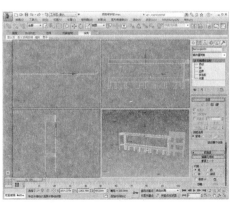

Step 21 开启捕捉开关，在"创建"命令面板中单击"矩形"按钮，创建490×2500的矩形，将其转换为可编辑样条线，在"修改"命令面板中选择"样条线"选项，如下左图所示。

Step 22 打开"几何体"卷展栏，设置轮廓值为"-15"，再在修改器列表中单击"挤出"按钮，设置挤出值为15，完成窗套的创建，如下右图所示。

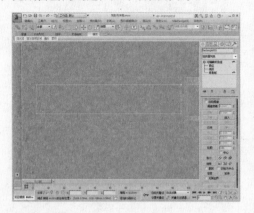 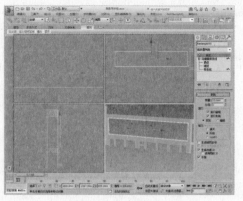

Step 23 按照上述操作步骤，创建出窗框，再绘制一个长方体作为玻璃，并适当调整位置，如下左图所示。

Step 24 在"创建"命令面板中单击"线"按钮，在左视口中绘制如下右图所示的多段线。

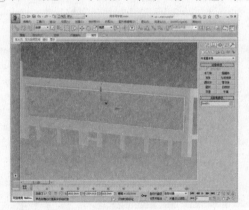 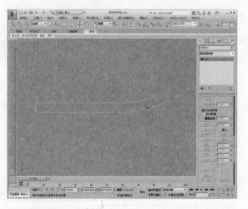

Step 25 在"修改"命令面板中单击"顶点"选项，选择物体的点，单击鼠标右键，在弹出的快捷菜单中选择"平滑"命令，如下左图所示。

Step 26 调整顶点，接着在修改器列表中单击"挤出"按钮，设置挤出值为2620，并适当调整其位置，如下右图所示。

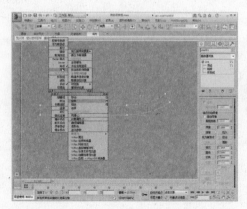 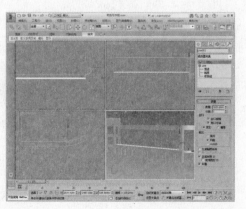

Step 27 在"创建"命令面板中单击"圆柱体"按钮，在顶视图中创建出半径为16、高度为880的圆柱体，并将其转换为可编辑多边形，如下左图所示。

Step 28 在"修改"命令面板中选择"元素"选项，全选物体，并复制出一个新的物体，如下右图所示。

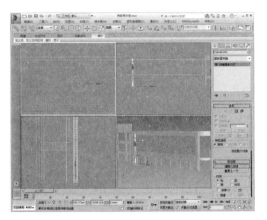 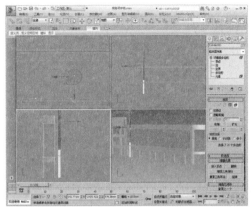

Step 29 单击"选择并均匀缩放"按钮，对新的圆柱体进行缩放，调整至合适大小，如下左图所示。

Step 30 在顶视图中再次创建半径为3，高度为100的圆柱体，如下右图所示。

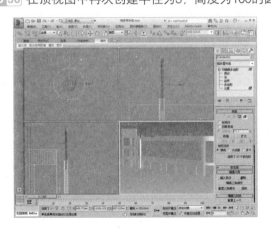 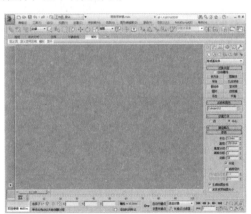

Step 31 单击"选择并旋转"按钮，将圆柱体旋转至合适角度，并适当调整其位置，如下左图所示。

Step 32 复制出一个圆柱体，单击"镜像"按钮，调整圆柱体方向，再调整其位置，如下右图所示。

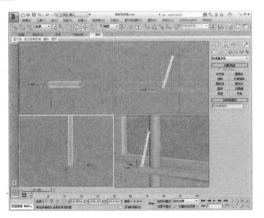 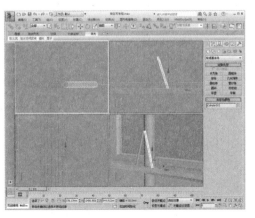

Step 33 在"创建"命令面板中单击"长方体"按钮，在前视口中绘制10×15×1的长方体，并调整至合适位置，如下左图所示。

Step 34 在"创建"命令面板中单击"矩形"按钮，再左视口中绘制两个60×35的矩形，将其转换为可编辑样条线，并附加在一起，如下右图所示。

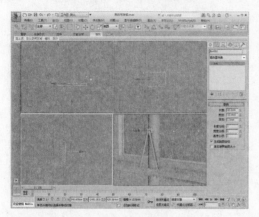 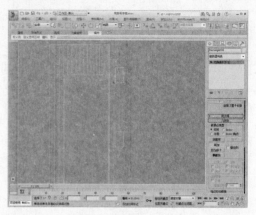

Step 35 在修改器列表中选择"挤出"命令，设置挤出值为10，并适当调整位置，如下左图所示。

Step 36 将挤出的矩形以及圆柱体都附加到一起，并复制出多个，如下右图所示。

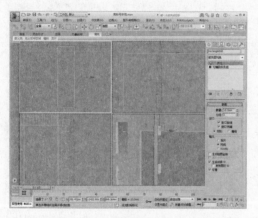 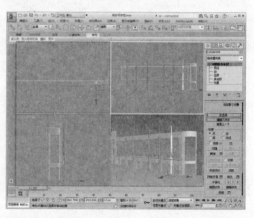

Step 37 下面要创建门头及立柱，进入前视口，分别创建60×780×36的长方体，并适当调整位置，如下左图所示。

Step 38 再分别创建出其他门头造型，如下右图所示。

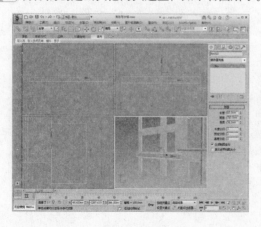 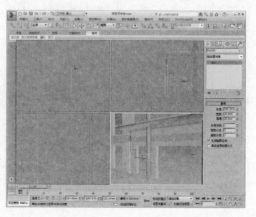

Step 39 将250×20×20的长方体复制出多个，并调整至合适位置，如下左图所示。

Step 40 打开前视口，开启捕捉开关，在"创建"命令面板中单击"矩形"按钮，绘制250×380的矩形，如下右图所示。

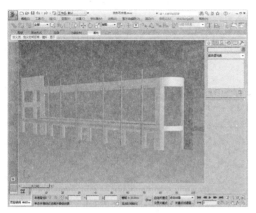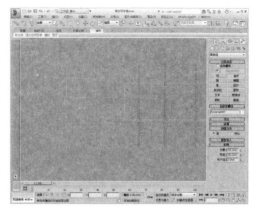

Step 41 取消勾选"开始新图形"复选框，再绘制多个矩形，如下左图所示。

Step 42 在修改器列表中选择"挤出"命令，设置挤出值为1，如下右图所示。

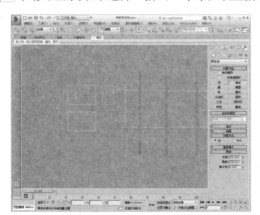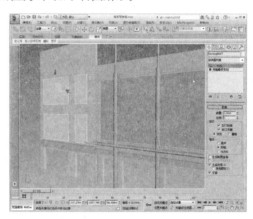

Step 43 按照上述操作方法创建出所有平面的玻璃，并适当调整位置，如下左图所示。

Step 44 在顶视口中绘制半径为240的弧线，将其转换为可编辑样条线，选择"样条线"选项，设置轮廓值为1，如下右图所示。

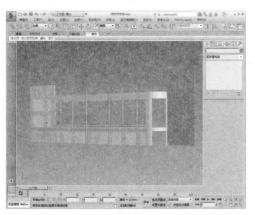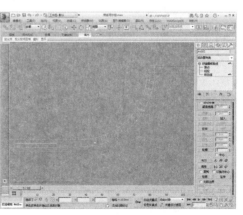

Step 45 在修改器列表中选择"挤出"命令，设置挤出值为260，如下左图所示。

Step 46 按照同样的方法创建挤出值为530的图形，完成所有玻璃的创建，如下右图所示。

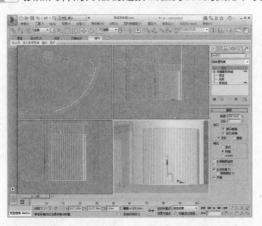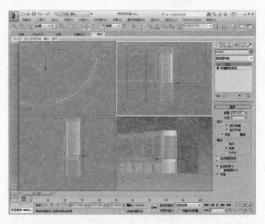

Step 47 开启捕捉开关，在"创建"命令面板中单击"矩形"按钮，创建矩形并将其转换为可编辑样条线，如下左图所示。

Step 48 在"修改"命令面板中选择"样条线"选项，设置轮廓值为4，如下右图所示。

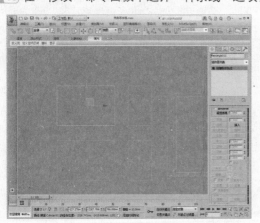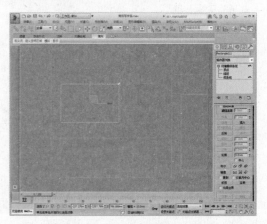

Step 49 在修改器列表中选择"挤出"命令，将物体挤出，设置挤出值为10，如下左图所示。

Step 50 将物体转换为可编辑网格，单击"面"选项，选择面并进行复制，并调整位置，如下右图所示。

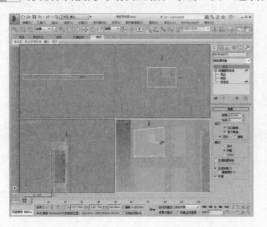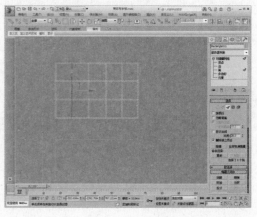

Step 51 照此操作方法创建出其他的窗框门框，如下左图所示。

Step 52 接下来要制作弧形墙体处的窗框及门框，按照前面创建弧形玻璃的操作方法创建出厚度为10的物体，将其转换为可编辑多边形后，利用"桥"命令创建出弧形窗框，如下右图所示。

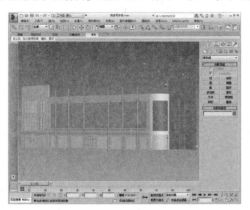 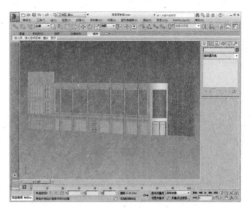

Step 53 在"创建"命令面板中单击"线"与"矩形"按钮，在左视口中绘制西墙的轮廓，如下左图所示。

Step 54 在修改器列表中选择"挤出"命令，为图形添加挤出，设置挤出值为24，完成西墙的制作，如下右图所示。

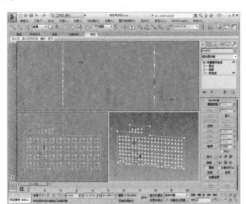 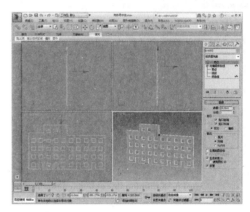

Step 55 开启捕捉开关，在"创建"命令面板中单击"矩形"按钮，绘制矩形，并将其转换为可编辑样条线，如下左图所示。

Step 56 选择"样条线"选项，设置轮廓值为4，并将其挤出，设置挤出值为10，如下右图所示。

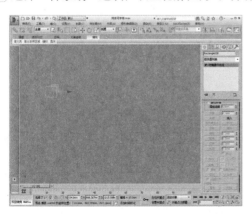 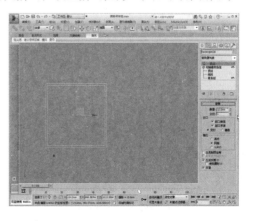

Step 57 将其转换为可编辑网格，单击"面"选项，对边框进行复制，完成窗框的创建，如下左图所示。

Step 58 照此操作方法创建出西墙所有的窗框及门框，如下右图所示。

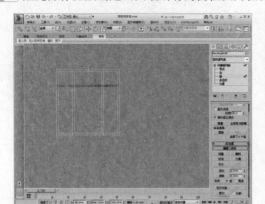 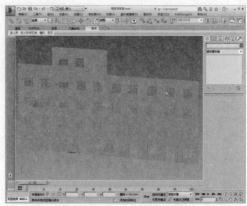

Step 59 在"创建"命令面板中单击"矩形"按钮，绘制矩形，并取消勾选"开始新图形"复选框，绘制西墙所有的玻璃轮廓，如下左图所示。

Step 60 在修改器列表中选择"挤出"命令，设置挤出值为1，完成西墙玻璃的创建，如下右图所示。

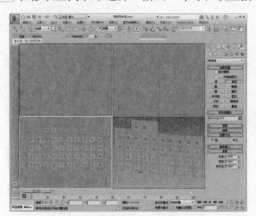 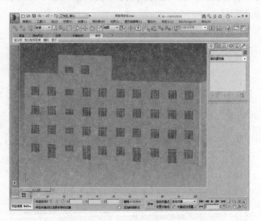

Step 61 选中西墙所有物体并单击鼠标右键，在弹出的快捷菜单中选择"隐藏选定对象"命令，将物体隐藏，如下左图所示。

Step 62 进入右视口，在"创建"命令面板中单击"线"与"矩形"按钮，绘制如下右图所示的图形。

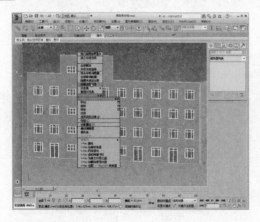 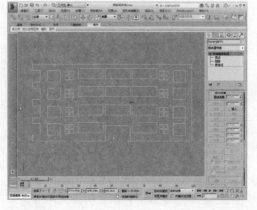

Step 63 在修改器列表中选择"挤出"命令，设置挤出值为24，如下左图所示。

Step 64 开启捕捉开关，单击"矩形"按钮，绘制矩形并将其转换为可编辑样条线，选择"样条线"选项，设置轮廓值为4，并挤出，如下右图所示。

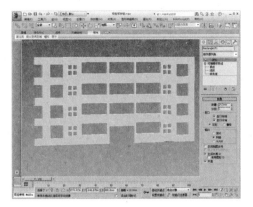 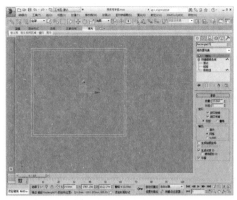

Step 65 将物体转换为可编辑网格，单击"面"选项，选择边框进行复制，完成窗框的创建，如下左图所示。

Step 66 照此操作步骤创建出其他窗框及门框，如下右图所示。

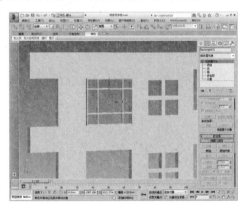 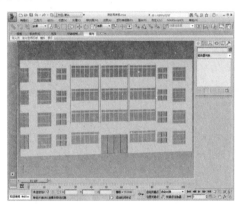

Step 67 创建矩形并挤出，创建出玻璃，完成东墙的创建，如下左图所示。

Step 68 下面要绘制北墙物体，需要先取消隐藏所有对象，再隐藏正面墙体所有物体，进入后视口，在"创建"命令面板中单击"矩形"按钮，绘制墙体图形，并将其转换为可编辑样条线，进行调整，创建出北墙轮廓图形，如下右图所示。

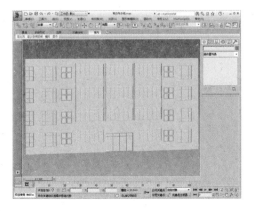 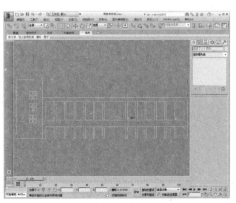

Step 69 在修改器列表中选择"挤出"命令，设置挤出值为24，创建北墙墙体，如下左图所示。

Step 70 开启捕捉开关，单击"矩形"按钮，绘制矩形，并将其转换为可编辑样条线，如下右图所示。

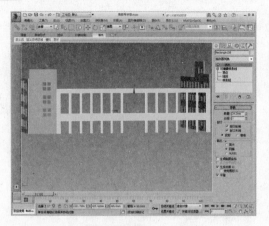 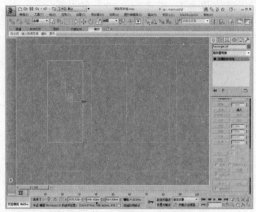

Step 71 单击"样条线"选项，在"几何体"卷展栏中勾选"中心"复选框，设置轮廓值为10，如下左图所示。

Step 72 单击"样条线"选项，对图形进行复制，如下右图所示。

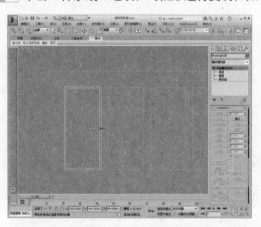 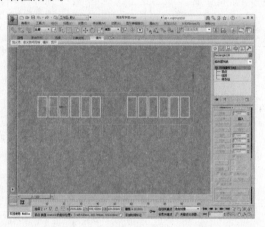

Step 73 在修改器列表中选择"挤出"命令，设置挤出值为10，创建出窗框并调整位置，如下左图所示。

Step 74 单击"矩形"按钮，在后视口中创建矩形并将其转换为可编辑样条线，如下右图所示。

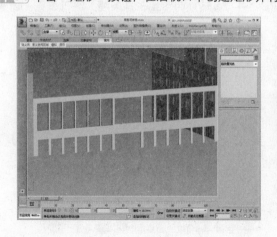 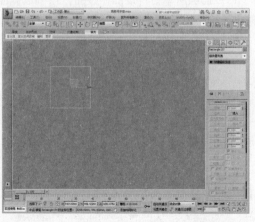

Step 75 选择"样条线"选项，勾选"中心"复选框，设置轮廓值为10，如下左图所示。

Step 76 将物体挤出，设置挤出值为10，如下右图所示。

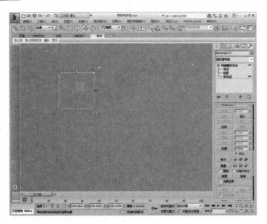 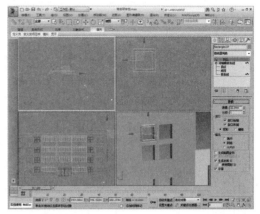

Step 77 将物体转换为可编辑网格，选择"面"选项，并对面进行复制，如下左图所示。

Step 78 选择"元素"选项，复制窗框，如下右图所示。

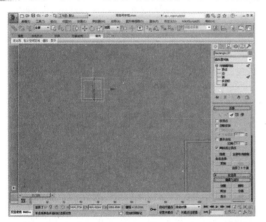 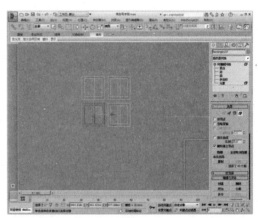

Step 79 照此操作方法创建出其他窗框及门框，如下左图所示。

Step 80 隐藏北墙所有窗框门框，单击"矩形"按钮，创建矩形，再取消勾选"开始新图形"复选框，继续绘制矩形，如下右图所示。

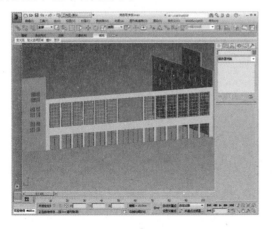 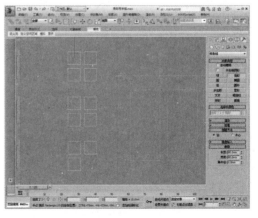

Step 81 将对象挤出，设置挤出值为1，创建出玻璃，并调整位置，如下左图所示。

Step 82 照此操作方法绘制出剩余玻璃物体，如下右图所示。

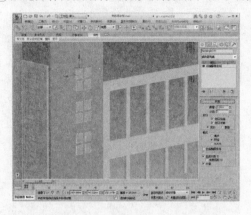 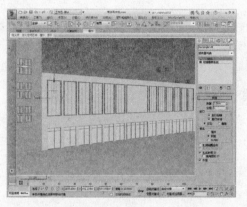

2. 创建写字楼顶面及踏步模型

框架模型创建完毕后，用户可以开始创建各种室内可创建物体，如吊顶造型、门窗等，其操作步骤如下。

Step 01 在顶视口中，单击"线"按钮，绘制如下左图所示的形状。

Step 02 在修改器列表中选择"挤出"命令，将对象挤出，制作出楼板，如下右图所示。

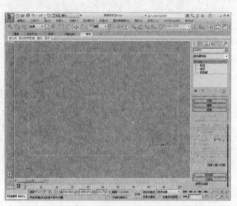 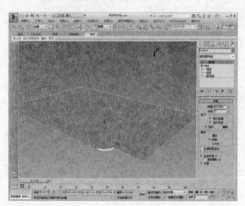

Step 03 按住Shift键对楼板进行复制，如下左图所示。

Step 04 通过绘制样条线以及使用"挤出"命令，绘制出如下右图所示的图形。

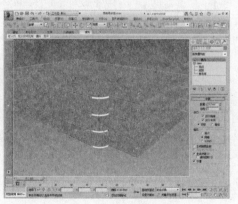 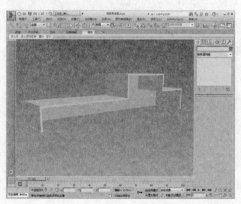

Step 05 将图形移动到合适位置，如下左图所示。

Step 06 再利用样条线及"挤出"命令创建出其他物体，如下右图所示。

 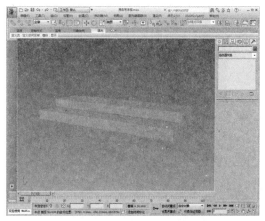

Step 07 将物体移动到合适位置，如下左图所示。

Step 08 最后创建剩余的物体对象，并适当调整位置，如下右图所示。

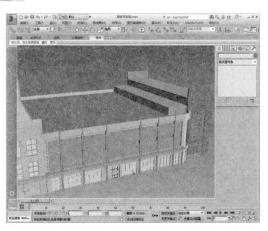 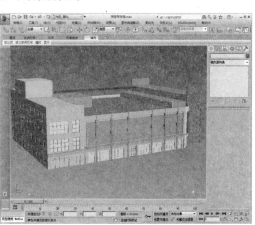

Step 09 最后来创建楼梯模型，单击"线"按钮，在顶视口中创建如下左图所示图形。

Step 10 选择"样条线"选项，设置轮廓值为70，如下右图所示。

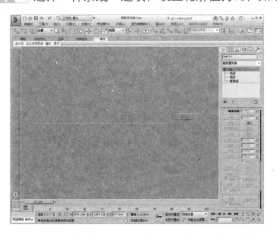 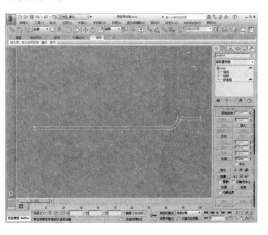

Step 11 在修改器列表中选择"挤出"命令，设置挤出值为15，如下左图所示。

Step 12 照此操作方法创建剩下的楼梯模型，至此完成商务写字楼的模型制作，如下右图所示。

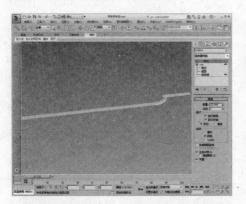 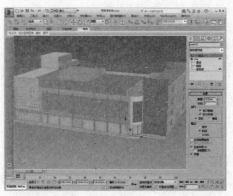

3. 创建天空及地面

在本案例中，我们需要制作出天空和地面，以便于更加真实地表现场景。下面将介绍操作步骤。

Step 01 在"创建"命令面板中单击"平面"按钮，在顶视口中创建一个平面，如下左图所示。

Step 02 再在"创建"命令面板中单击"球体"按钮，在顶视口中创建一个球，并将其转换为可编辑多边形，如下右图所示。

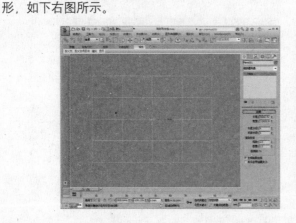 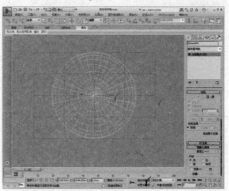

Step 03 单击"多边形"选项，选择平面下半部分的多边形，并按下Delete键将其删除，如下左图所示。

Step 04 保持"多边形"选项的选中状态，再选择剩下的部分，在"编辑多边形"卷展栏中单击"翻转"按钮，如下右图所示。

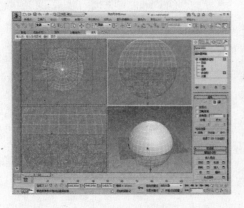 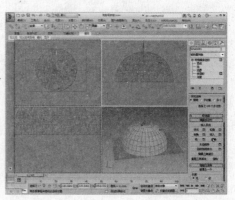

Step 05 如此即可完成天空和地面的创建，如右图所示。

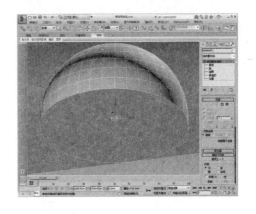

4．创建摄影机及渲染设置

对采样值和渲染参数进行最低级别的设置，可以达到既能观察渲染效果又能快速渲染的目的。下面来介绍如何创建摄影机并确定观察场景的角度，以及测试渲染的设置，其操作步骤如下。

Step 01 执行"渲染＞渲染设置"命令，打开"渲染设置"窗口，切换到"V-Ray"选项卡，打开"V-Ray::全局开关"卷展栏，在默认设置的基础上关闭"默认灯光"，取消勾选"隐藏灯光"、"反射/折射"、"光泽效果"复选框，可以加快渲染速度，如下左图所示。

Step 02 在"V-Ray::图像采样器"卷展栏中，设置图像采样器类型为"自适应确定性蒙特卡洛"，选择"抗锯齿过滤器"，打开过滤器，选择Mtchell-Netracali类型，如下右图所示。

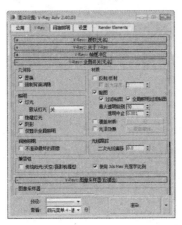

Step 03 在"V-Ray::颜色贴图"卷展栏中，设置类型为"指数"，如下左图所示。

Step 04 切换到"间接照明"选项卡，在"V-Ray::间接照明"卷展栏中开启间接照明，设置"首次反弹"的全局光引擎为"发光图"，设置"二次反弹"的全局光引擎为"灯光缓存"，如下右图所示。

Step 05 打开"V-Ray::发光图"卷展栏，设置当前预置为"自定义"，设置最小比率为-5，最大比率为-4，半球细分和插补采样值为20，如下左图所示。

Step 06 打开"V-Ray::灯光缓存"卷展栏，设置细分值为100，勾选"显示计算相位"复选框，如下右图所示。

Step 07 打开"设置"选项卡，在"V-Ray::系统"卷展栏中设置"最大树形深度"参数为100，设置"区域排序"为"螺旋"，关闭"显示窗口"，如下左图所示。

Step 08 选择填空模型，单击鼠标右键，在弹出的快捷菜单中选择"对象属性"命令，如下右图所示。

 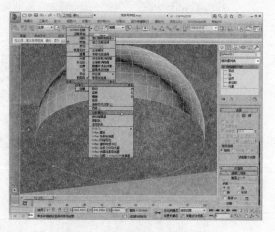

Step 09 打开"对象属性"对话框，取消勾选"对摄像机可见"、"接收阴影"、"投射阴影"复选框，如右图所示。

02 场景光源设置

对采样值和渲染参数进行最低级别的设置，可以达到既能观察渲染效果又能快速渲染的目的。下面将介绍其操作步骤。

Step 01 制作一个模型测试材质。按 M 键打开"材质编辑器"，选择一个空白本球，设置材质的样式为 VRayMtl，设置漫反射颜色为灰白色（色调：0；饱和度：0；亮度：250），如右1图所示。

Step 02 在"贴图"卷展栏中为漫反射通道添加"VRay边纹理"贴图，进入漫反射贴图面板，将颜色设置为黑色，如右2图所示。

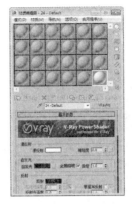

Step 03 打开"渲染设置"窗口，在"V-Ray"选项卡中打开"V-Ray::全局开关"卷展栏，勾选"覆盖材质"复选框，如下左图所示。

Step 04 再打开"材质编辑器"对话框，使用鼠标拖动"测试"材质球到"渲染设置"对话框中的"无"按钮，如下右图所示。

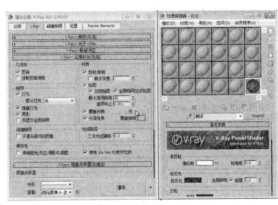

Step 05 弹出"实例（副本）材质"对话框，选择"实例"选项，单击"确定"按钮，如下左图所示。

Step 06 在"创建"命令面板中单击"目标平行光"按钮，在顶视口中创建一盏目标平行光，用来模拟日光照明，如下右图所示。

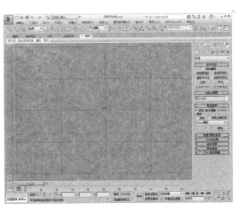

Step 07 进入"修改"命令面板，在"常规参数"卷展栏中勾选"启用"复选框，并设置阴影类别为"VRay阴影"，在"强度/颜色/衰减"卷展栏中设置倍增值为1，灯光颜色为浅黄色（色调：20；饱和度：60；亮度：255），如下左图所示。

Step 08 在"平行光参数"卷展栏中勾选"泛光化"复选框，设置衰减区/区域值为4000，在"Vray阴影参数"卷展栏中勾选"区域阴影"复选框，并选择"长方体"选项，如下右图所示。

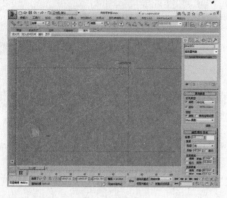 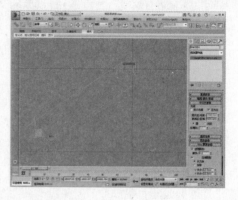

Step 09 适当调整灯光角度及距离，如下左图所示。

Step 10 再单击"自由平行光"按钮，在左视口中创建一盏灯光，设置强度倍增值为0.4，灯光颜色为浅蓝色（色调：145；饱和度：130；亮度：255），聚光区/光束值为6000，衰减区/区域值为7000，切换到顶视口，适当调整灯光位置，如下右图所示。

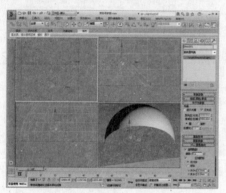 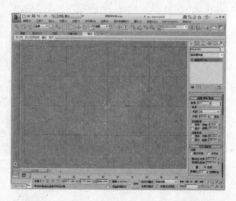

Step 11 在"创建"命令面板中单击"目标摄影机"按钮，在顶视口中创建一台摄影机，如下左图所示。

Step 12 适当调整摄影机的方向及高度，切换到透视视口，按下C键，进入到摄影机视口，如下右图所示。

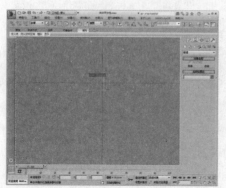 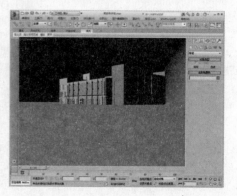

Step 13 按下F9键对摄影机视口进行渲染，如右图所示。

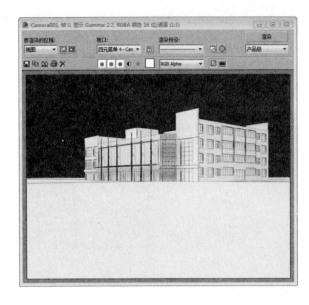

03 创建并赋予材质

材质的设置是制作效果图的关键之一，只有材质设置到位，才能表现出场景的真实性。下面将介绍其操作步骤。

Step 01 按M键打开"材质编辑器"，选择一个空白本球，为材质命名为"地面"，设置材质的样式为"标准"材质，在"反射高光"中"高光级别"参数设置为29，"光泽度"参数设置为23，如右1图所示。

Step 02 打开"贴图"卷展栏，分别为漫反射通道以及凹凸通道添加位图贴图，如右2图所示。

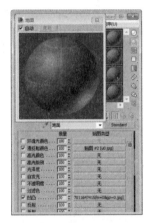

Step 03 选择一个空白本球，为材质命名为"墙体"，设置材质的样式为"标准"材质，在"漫反射"中调节颜色，在"反射高光"中"高光级别"设置为69，"光泽度"设置为29，如右1图所示。

Step 04 为"漫反射"添加"平铺"，图案设置的预设类型改为"连续砌和"，其他参数设置如右2图所示。

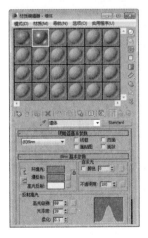

Step 05 选择一个空白本球，为材质命名为"白墙"，设置材质的样式为"标准"材质，通过"漫反射"调节窗框颜色，在"反射高光"中"高光级别"参数设置为32，"光泽度"参数设置为31，如下左图所示。

Step 06 选择一个空白本球，为材质命名为"窗框"，设置材质的样式为"标准"材质，在"漫反射"调节窗框颜色，在"反射高光"中"高光级别"参数设置为60，"光泽度"参数设置为42，如下右图所示。

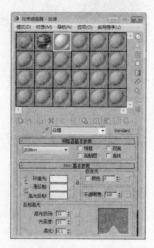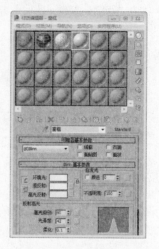

Step 07 选择一个空白本球，为材质命名为"清玻"，设置材质的样式为"标准"材质，在"漫反射"调节玻璃颜色，"不透明度"设置为70，在"反射高光"中"高光级别"参数设置127，"光泽度"参数设置为63，不透明度为70%，并设置高级透明颜色，如下左图所示。

Step 08 为了使玻璃更加有质感，打开"贴图"卷展栏，设置"反射贴图"为"VR贴图"来模拟玻璃的反射，"反射"参数设置为40，如下右图所示。

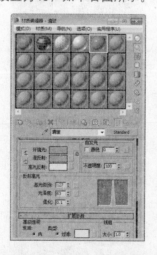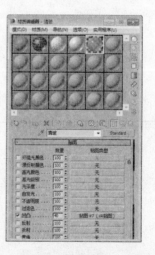

Step 09 选择一个空白本球，为材质命名为"玻璃"，设置材质的样式为"标准"材质，在"漫反射"调节玻璃颜色，"不透明度"设置为50，在"反射高光"中"高光级别"参数设置为108，"光泽度"参数设置为30，不透明度为50%，并设置高级透明颜色，如下左图所示。

Step 10 为了使玻璃更加有质感，打开"贴图"卷展栏，设置"反射贴图"为"VR贴图"来模拟玻璃的反射，"反射"参数设置为60，如下右图所示。

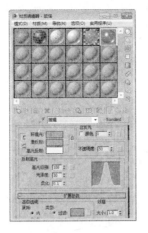 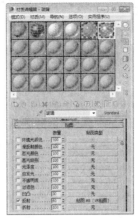

Step 11 最后创建名为"天空"材质球，设置材质的样式为"标准"材质，设置漫反射颜色，并为漫反射通道及自发光通道添加位图贴图，如下左图所示。

Step 12 执行"渲染＞环境"命令，打开"环境和效果"窗口，在"背景"选项组中为环境贴图添加渐变贴图，并将其拖至"材质编辑器"窗口中的空白材质球中，在"坐标"卷展栏中设置V偏移值和瓷砖值都为1.2，如下右图所示。

Step 13 在"渐变参数"卷展栏中分别设置颜色1、颜色2和颜色3，如下左图所示。

Step 14 为场景中的对象分别赋予材质，效果如下右图所示。

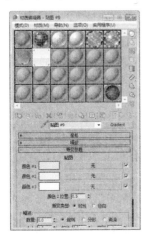 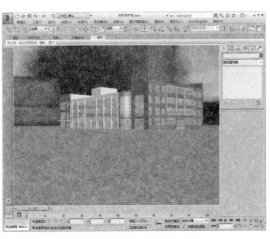

04 设置渲染参数并渲染

本节将介绍如何在"渲染设置"窗口中渲染正图的参数。通常是在测试完成后，不再需要对场景中的对象进行调整，才可以设置正图的渲染参数，进行正图的渲染。

Step 01 按F10键打开"渲染设置"窗口，设置出图尺寸，如下左图所示。

Step 02 在"V-Ray::全局开关"卷展栏中取消勾选"覆盖材质"复选框，如下右图所示。

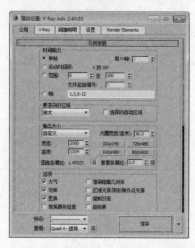

Step 03 在"V-Ray::图像采样器（反锯齿）"卷展栏中，选择"图像采样器"，类型设置为"自适应确定性蒙特长洛Netracali"，选择"抗锯齿过滤器"，打开过滤器，选择Catmul-Rom类型，如下左图所示。

Step 04 打开"V-Ray::颜色贴图"卷展栏，设置"类型"为"指数"，如下右图所示。

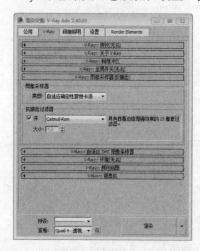

Step 05 在"V-Ray::发光图"卷展栏中，设置"最小比率"、"最大比率"参数为-3、-1，设置"半球细分"参数为50，"插值采样"参数为40，如下左图所示。

Step 06 在"V-Ray::灯光缓冲"卷展栏中的"计算参数"选项组中，将"细分"参数设置为1000，勾选"显示计算相位"复选框，如下右图所示。

Step 07 设置完成后保存文件，渲染摄影机视口，渲染出最终效果，如右图所示。

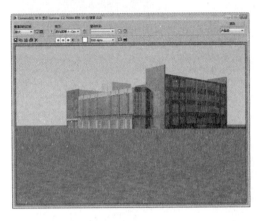

Section 02 后期处理

本节将主要介绍如何在Photoshop中进行后期处理，使得渲染图片更加精美、完善，下面将介绍其操作步骤。

Step 01 在Photoshop中打开渲染好的"商务写字楼效果.jpg"文件，如下左图所示。

Step 02 复制图层，打开"亮度/对比度"属性面板，适当调整亮度和对比度，可以看到图像发生了变化，如下右图所示。

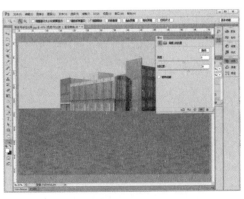

Step 03 选择图层副本，单击魔棒工具，选择天空区域，如下左图所示。

Step 04 删掉选取内的图像，以便于添加背景效果，如下右图所示。

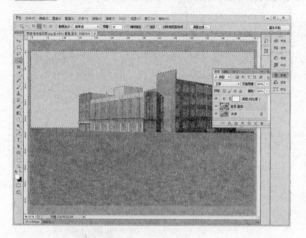 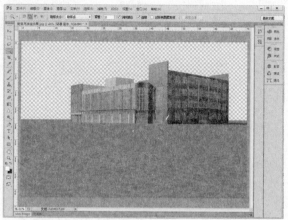

Step 05 为图片添加背景天空、背景建筑物以及飞鸟等素材，效果如下左图所示。

Step 06 接着添加地面、人物、树木等素材，并进行适当调整，效果如下右图所示。

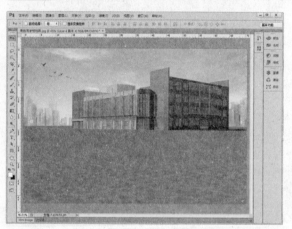 

Step 07 合并所有图层，再单击裁剪工具，将效果剪裁成合适的大小，完成本案例效果图的制作，如右图所示。

Appendix

附 录

课后练习参考答案

Chapter 01

1. 选择题

（1）R　（2）A　（3）A　（4）A　（5）B

2. 填空题

（1）用Shift键配合鼠标左键|阵列工具复制|镜像复制；
（2）X、Y、Z；（3）建模、灯光、材质；（4）像素。

Chapter 02

1. 选择题

（1）C　（2）C　（3）C　（4）C　（5）C

2. 填空题

（1）4；（2）M、N、F5；（3）导入CAD图纸、建
模、灯光和摄像机、材质、渲染、后期处理。

Chapter 03

1. 选择题

（1）D　（2）D　（3）D　（4）D　（5）D

2. 填空题

（1）拟合；（2）14；（3）视图坐标系、屏幕坐标
系；（4）毫米；（5）空格键。

Chapter 04

1. 选择题

（1）C　（2）C　（3）C　（4）C　（5）D

2. 填空题

（1）11；（2）三角形和四边形；（3）对象的使用顺序；
（4）使物体变得起伏而不规则；（5）样条线、分离复制。

Chapter 05

1. 选择题

（1）B　（2）D　（3）A　（4）C　（5）D

2. 填空题

（1）快照；（2）43.456mm；（3）以目标点为基
准；（4）摄像机动画效、镜头聚焦效果、控制 RPF 摄
像机、同一场景中架设多架摄像。

Chapter 06

1. 选择题

（1）D　（2）D　（3）A　（4）B

2. 填空题

（1）材质编辑器选项 M；（2）Double Sided；
（3）材质/贴图导航器；（4）Specular(镜面反射颜
色) Ambient(环境色)。

Chapter 07

1. 选择题

（1）D　（2）C　（3）D　（4）C

2. 填空题

（1）目标聚光灯　目标平行灯光　泛光灯；（2）泛光
灯　聚光灯；（3）灯光；（4）摄像机。

Chapter 08

1. 选择题

（1）C　（2）A　（3）C　（4）B

2. 填空题

（1）Single；（2）渲染场景　快速渲染；（3）前视
图；（4）所选视图。